〔美〕

达彻尔·凯尔特纳

（Dacher Keltner）

——

著

陶尚芸

——

译

关于幸福的本质
及如何实现生命的意义

情绪的根源

Born to Be Good

The Science of a Meaningful Life

机械工业出版社

CHINA MACHINE PRESS

加州大学伯克利分校心理学教授达彻尔·凯尔特纳研究了人类进化中一个未解的问题：如果人类天生就过着"肮脏、粗野、短暂"的生活，为什么我们会进化出感恩、快乐、敬畏和同情等积极的情感，从而促成道德行为和社会合作？

《情绪的根源》以50多张代表人类情感的照片为插图，带我们踏上一段科学发现、个人叙事和东方哲学的旅程。克特纳发现，积极的情绪是人性的核心，它塑造着我们的日常行为——它们可能是理解我们如何才能更好地生活的关键。作者指出，幸福的秘密在于"仁率"，也就是生活中善与恶的平衡，由此阐明了怎样才能在积极情感的丰富版图上找到幸福。

《情绪的根源》为我们开启了一扇通往幸福生活的大门，让我们对幸福的婚姻、合群的孩子、健康的社会以及健康的文化进行重新思考。

Born to Be Good：The Science of a Meaningful Life
By Dacher Keltner
Copyright ©2009 by Dacher Keltner
Simplified Chinese Translation Copyright © 2024 China Machine Press. This edition is authorized for sale in the Chinese mainland (excluding Hong Kong SAR, Macao SAR and Taiwan).
All rights reserved.
此版本仅限在中国大陆地区（不包括香港、澳门特别行政区及台湾地区）销售。未经出版者书面许可，不得以任何方式抄袭、复制或节录本书中的任何部分。

北京市版权局著作权合同登记　图字：01-2019-6295号。

图书在版编目（CIP）数据

情绪的根源：关于幸福的本质及如何实现生命的意义 /（美）达彻尔·凯尔特纳（Dacher Keltner）著；陶尚芸译. — 北京：机械工业出版社，2023.12
书名原文：Born to Be Good: The Science of a Meaningful Life
ISBN 978-7-111-74478-8

Ⅰ.①情⋯　Ⅱ.①达⋯②陶⋯　Ⅲ.①情绪 – 心理学　Ⅳ.①B842.6

中国国家版本馆CIP数据核字（2023）第246196号

机械工业出版社（北京市百万庄大街22号　邮政编码100037）
策划编辑：李新妞　　　　　责任编辑：李新妞　侯振锋
责任校对：曹若菲　丁梦卓　责任印制：张　博
北京联兴盛业印刷股份有限公司印刷
2024年1月第1版第1次印刷
148mm×210mm · 9印张 · 1插页 · 208千字
标准书号：ISBN 978-7-111-74478-8
定价：68.00元

电话服务　　　　　　　　网络服务
客服电话：010-88361066　机 工 官 网：www.cmpbook.com
　　　　　010-88379833　机 工 官 博：weibo.com/cmp1952
　　　　　010-68326294　金 书 网：www.golden-book.com
封底无防伪标均为盗版　　机工教育服务网：www.cmpedu.com

献给以仁义之心待我的亲人们：

抚养我长大的家人——我的母亲珍妮·凯尔特纳（Jeanie Keltner）、我的父亲理查德·凯尔特纳（Richard Keltner），以及我的兄弟罗尔夫·凯尔特纳（Rolf Keltner）。

还有给予我支持的家人——我的妻子莫莉·麦克内尔（Mollie Mcneil），以及我的女儿们：娜塔莉（Natalie）和塞拉菲娜·凯尔特纳-麦克内尔（Serafina Keltner-Mcneil）。

好评如潮

　　这本书娴熟地描述和呈现了积极情绪如何成为人类天性的核心，并塑造了我们的日常行为。凯尔特纳的作品令人着迷，文笔优美，充满了迷人的故事和深刻的见解，展示了积极心理学的新科学，同时用引人入胜的例子将中国古代哲学、莎士比亚戏剧、面部表情的含义等融合在一起，给读者一场阅读盛宴般的享受。如果你试图了解人类情感的进化起源和微妙奥秘，这本书就是不可或缺的资源。

——弗兰克·J.萨洛韦（Frank J.Sulloway）

加州大学伯克利分校的访问学者，代表作《弗洛伊德：心灵的生物学家》
（*Freud：Biologist of the Mind*）和《天生叛逆：出生顺序、家庭动态和创造性
的人生》（*Born to Rebel：Birth Order，Family Dynamics，and Creative Lives*）

　　这是一本非常吸引人的基础读物……献给那些好好生活且追求美好人生的读者。

——梅丽莎·霍尔布鲁克·皮尔森（Melissa Holbrook Pierson）

《巴恩斯和诺贝尔书评》（*Barnes & Noble Review*）

　　达彻尔·凯尔特纳写了一部独特新颖且令人迷醉的佳作。这本书会颠覆你对理性思维在人类生活中的地位的思考。会让你对同情能力和合作潜力产生一种豁然开朗和令人振奋的感觉。

——迈克尔·波伦（Michael Pollan）

加州大学伯克利分校新闻学教授，代表作《杂食者的窘境》
（*The Omnivore's Dilemma*）

在严谨科学的支持下，达彻尔·凯尔特纳以妙趣横生的方式谈论了人类的情感生活。这本书可以帮我们窥见自己的思想和心灵，翔实、有趣且发人深省。

——丹尼尔·戈尔曼（Daniel Goleman）

代表作《情商》（*Emotional Intelligence*）

达彻尔·凯尔特纳指出，我们通常认为情绪是一种疾病。例如，我们说，我们"因愤怒而疯狂"或"因爱而生病"。我们以为，理想的经济决策者是分析型"机械人"。但凯尔特纳却说，情感行为有时正是我们所需要的，他一直在致力于研究人类情绪对社会的影响。

——约翰·克劳德（John Cloud）

代表作《时间》（*Time*）

在本书中，凯尔特纳认为，我们生来就是小天使，而不是带有原罪……现在时机成熟，是时候扶正这样的观点了。

——霍华德·加德纳（Howard Gardner）

哈佛大学认知与教育学教授，摘自《石板》（*Slate*）杂志

凯尔特纳完全相信人性本善。在这个时代，这本书令人振奋、发人深省。

——亚历克斯·C.泰兰德（Alex C.Telander）

摘自萨克拉曼多书评网（*Sacramento Book Review*）

凯尔特纳的书提供了引人注目的轶事和证据，以及大量值得思考的内容。

——蒂莫西·马赫（Timothy Maher）

代表作《灵与欲》（*Body & Soul*）

关心和同情具有进化上的优势。这足以让我们重拾对人类的信心。

——美国《人物》（*People*）杂志

为什么情感是美好生活的关键？对此，凯尔特纳进行了深入的研究。

——美国《有声》（*Aloud*）杂志

一部迷人的佳作……作者从艺术、文学和哲学角度对八种情绪进行了有趣的评价。

——弗雷德里克（Frederic）和玛丽·安·布鲁萨特（Mary Ann Brussat）

俩人合著作品《精神性与实践》（*Spirituality & Practice*）

永远的乐观主义者，走心的创作……对这一领域的最新发现使凯尔特纳感到兴奋不已……同情心是值得培养的，这是一个有意义的温馨提示。

——莎拉·穆勒·伯森布鲁克（Sarah Mueller Bossenbroek）

摘自《旧金山》（*San Francisco*）杂志

凯尔特纳避开了许多实验室研究人员的纯粹经验主义的努力，他断言，科学的意义仅仅取决于它带来的应用，而这本书中的科学就具有这种潜能。他还有力地论证了适者生存的空间，但社交智能和"善者生存"可能代表了进化的最终胜利。

——马修·吉尔伯特（Matthew Gilbert）

美国《转变》（*Shift*）杂志主编

前　言

Born to Be Good
The Science of a Meaningful Life

　　某些科学见解产生于转瞬即逝却极具震撼力的体验，比如，一次惊人的发现、一个梦、一种直觉、一瞬间的领悟。我自己对人类情感的思考经历了一个更长的过程，它源于我在人生旅途以及科学考证中的理性反思。

　　我一直认为，情感是实现生命意义的源泉。我的母亲是一名研究浪漫主义的英国文学教授，我的父亲是一名皈依道教和禅宗的艺术家。他们在我的心中培养了这样一种信念：我们竭尽全力地追求美好生活的行为就是激情迸发的表现，而这种激情又体现在了一波三折的励志美文中或栩栩如生的立体油画里。这一想法在查尔斯·达尔文（Charles Darwin）和保罗·艾克曼（Paul Ekman）的研究中，也是英雄所见略同。前者认为简短的情感表达为我们天性的深层起源提供了线索，而后者找到了对数千种面部表情进行量化排序的方法。

　　本书是我的家庭教育和科学进步的共同产物，它力图回答三个古老的问题。第一个问题是：我们如何才能幸福？近来大量关于幸福的实证研究催生了一些畅销书。比如，丹尼尔·吉尔伯特（Daniel Gilbert）的《哈佛幸福课》（*Stumbling on Happiness*）告诉我们，为什么我们总是搞不懂幸福的源头是什么。又如，马丁·塞利格曼（Martin Seligman）的《真实的幸福》（*Authentic*

Happiness），让我们明白了乐观主义的重要性。再如，乔纳森·海特（Jonathan Haidt）的《象与骑象人：幸福的假设》（*The Happiness Hypothesis*）指出，对我们大多数人来说，人际关系是通往幸福最可靠的途径，而通过经济利益来寻求幸福只是一种幻觉。

本书为我们如何才能获得幸福这个问题提供了新的答案。为了致敬我的父母，暂且将"禅宗浪漫主义"定为本书主题。其观点是，我们已经进化出了感激、欢笑、敬畏和同情等一系列情感和情绪，使我们能够实现生命的意义（这是浪漫主义论点）。幸福的真谛是让这些情绪产生，并付诸实践，我们要训练自己的眼睛和心灵，在自己和他人身上充分展现这些情感和情绪（这是禅宗论点）。

本书引发的第二个问题是：人类行善能力的深层根源是什么？我们正在见证一场关于人类起源的新辩论。我们在 DNA 检测、考古学和对我们灵长类亲属的研究方面取得的进展，正在给人类的历史、起源、分布、进化等问题带来惊人的新见解。这些研究成果中蕴含着"人类的行善能力从何而来"的答案。本书指出，"善者生存"和"适者生存"一样，都是人类起源的最佳诠释。

本书提出的第三个问题是：我们如何做个善良的人？我们正处在一个探索道德反思的时期。就社会幸福感而言，美国儿童在 21 个工业化国家中排名第 20 位。在过去八年中，美国的道德地位急剧下降。人们对种族灭绝、不平等和全球变暖的深切关注引发了这样的质疑：人类还有理由去憧憬美好的未来吗？我们渴望对人性本善的实质和实践有一个新的认识。

关于"如何做个善良的人"这个问题，本书给出了一个直截了当的回答：我们要依靠诸如愉悦、感恩和同情之类的情感来"成人之美"。为了赋予这个观点以生命，本书提供了达尔文关于"人性本善"观点的对话（你会惊讶地发现，达尔文居然相信同情心是人类最热切的情绪）以及来自东亚和西方伟大传统思想的精神瑰宝。

本书的谋篇布局遵循了这三大问题的解答思路。第一章首先讨论了儒家的"仁"的概念，"仁"指的是善良、人道、敬畏。我创造了"仁率"的概念，支持人们以简单而有力的方式去看待生活中"好"（积极向上）与"坏"（愤世嫉俗）之间的相对额比率。仁率体现了我对东方哲学和节俭权衡的兴趣，它给幸福的婚姻、适应性强的儿童、健康的社区和文化提供了思考的线索。

接下来的三章将引导读者去领略情感进化领域的最新发现。从第二章开始，我们将分析达尔文对许多积极情绪的微妙剖析。与许多人的假设相反，达尔文坚信这些情感是我们道德本能和行善能力的基础。就此而言，达尔文和孔子的观点非常契合。

我们的科学之旅从达尔文出发，前往新几内亚去探索保罗·艾克曼关于面部表情普遍性的颠覆性研究。作为实证科学的结果，我们得出了关于情感和情绪的三个新观点，并在第三章进行了总结：情感和情绪是我们对他人承诺的标志；情感和情绪被编码到我们的身体和大脑中；情感和情绪是我们的道德本能，是我们最重要的道德直觉之源。

在第四章中，我们回顾历史，在人性本善的进化长河中慢慢吸取经验和教训。这种不断更新的进化论科学为理解积极情绪的起源提供了背景线索。比如，微笑从何而来？为什么我们如此热衷于信任和关心他人？这一章汇集了对我们灵长类近亲的研究、考古学和"狩猎－采集"文化的见解。了解到这些内容之后，读者朋友们可能会惊叹不已：

● 我们是懂得关爱他人的物种。人类后代的深度脆弱本性驱使我们重新安排自己的社会组织和神经系统。

- 我们是面对面交流的物种，我们在共情、模仿、镜像方面的能力非常出色。
- 我们的权力等级不同于其他物种；权力属于情商最高的人。
- 我们善于调解冲突，而不是逃避或杀戮；我们发展出了强大的宽恕能力。
- 我们生活在脆弱的一夫一妻制的复杂模式中，偏好一夫一妻制。

在剩下的八章中，每一章都会介绍一种情绪，并研究其导致高仁率的来龙去脉。这种情绪科学植根于达尔文对人类情感最深刻的见解。我们今天所观察到的显性情感表达，暗示了某些哺乳动物在生存、繁殖和照顾后代的任务中表现出了良好的古代行为。如果没有保罗·艾克曼和华莱士·弗里森（Wallace Friesen）提供的微表情检测法，情感科学就不可能存在。本书的每个章节都力求尊重艺术、文学和哲学中展现的情绪洞察力。

第五章的开篇呈现了我偶然发现的一个尴尬场面。我在此阐明，尴尬是一种安抚式表达，促使人们去选择原谅和遗忘。第六章揭示了微笑是平等和信任的迹象，也是生活美满的标志。第七章探讨了欢笑如何演变成了轻松游戏的独特信号，还详细介绍了欢笑的种类以及笑如何能够在面对心理创伤的同时还能做出健康的反应。在第八章中，我研究了备受指责的逗趣行为。基于"逗趣愚人和小丑"的研究以及语言哲学的分析，我认为逗趣其实是一种具有伪装性和戏剧性的异常行为，但可以帮助人们调解冲突和协调阶层关系。在第九章中，我将探讨一门惊人的新科学，那就是触摸：它能让人们建立信任；它能增加早产儿的体重；它能减轻养老院中成年人的抑郁症；它能建立强大的免疫系统。在实验室中，我们记录了人们可以通过触摸前臂一秒钟来对陌生人表达同情、爱和感激。在第十章中，我介绍了关于人类繁殖纽带的永恒观点，剖析了催产素（一种提升奉献精神的神经肽）的新成果，呈现了如何释放能量去促成非语言表达爱意的场景。同情是第十一章的核心主题。达尔文认为，这是人类的道德感和社群合作的基础。我还新钻研了神经系统的一个分支，这就是迷走神经，它在同情中处于核心位置。在第十二章中，我研究了敬畏的话题并进行了总结。首先，我谈到了地质学家约翰·缪尔（John Muir）在内华达山脉的敬畏体验，该经历导致了环保主义运动，追溯了西方革命思想家改变人类敬畏体验的历程，也就是从宗教体验转向了对他人秉性的艺术感受和精神体验。然后，我研究了兴奋激动、情绪失控和美学，讲述了这种迷人的情感如何演变的故事，解读了情感演变如何促使我们融入合作性的社会集体。

　　我在科学研究的过程中完成了本书的创作。我越来越敏锐地意识到人类的仁义之心，我从朋友的微笑、众人的谦虚举止、悦耳的笑声、感人的触动以及我们乐于关心、欣赏和敬畏的态度中看到了"仁"。我看到了我们人类的行善能力，也成就了自己的一点小小的善举。我希望你们也能如此。

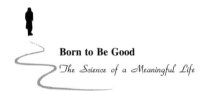
致　谢

我要感谢和感激的人实在太多了。

我要感谢我的导师菲比·埃尔斯沃斯（Phoebe Ellsworth）、罗伯特·利文森（Robert Levenson）和保罗·艾克曼，当情感科学研究刚刚起步的时候，你们就指引我迈进了这个迷人的领域。我要感谢我的团队同仁，我在你们身上学到了很多．乔治·博南诺（George Bonanno）、莉萨·卡普斯（Lisa Capps）、塞雷娜·陈（Serena Chen）、阿夫沙洛姆·卡斯皮（Avshalom Caspi）、詹姆斯·格罗斯（James Gross）、黛博拉·格林菲尔德（Deborah Gruenfeld）、乔纳森·海特、奥利弗·约翰（Oliver John）、肯·洛克（Ken Locke）、罗伯特·奈特（Robert Knight）、安·克林（Ann Kring）、大卫·松本（David Matsumoto）、特里·墨菲特（Terrie Moffitt）、迈克尔·莫里斯（Michael Morris）和赫尔本·范·克利夫（Gerben van Kleef）。我还要感谢几位朋友，我在撰写两本教科书的时候做到了视角睿智和文风隽永，这得益于你们的帮助：汤姆·季洛维奇（Tom Gilovich）、珍妮弗·詹金斯（Jennifer Jenkins）、理查德·尼斯贝特（Richard Nisbett）和凯斯·奥特利（Keith Oatley）。此外，我与众多的良师益友进行了友好的交谈，是你们让我的想法活跃起来，还引起了莫大的关注，感谢你们：克里斯·博阿斯（Chris Boas）、内森·布罗斯特洛姆（Nathan Brostrom）、古斯塔夫·卡尔森（Gustave Carlson）、克里斯汀·卡特（Christine Carter）、克莱尔·法拉利（Claire Ferrari）、迈克尔·刘易斯（Michael Lewis）、杰森·马什（Jason Marsh）、彼得·普拉特（Peter Platt），特别是汤姆·季洛维奇、莱夫·哈斯（Leif Hass）、莫莉·麦克内尔（Mollie McNeil）和弗兰克·J.萨洛韦，你们对我的想法如痴如醉，你们娓娓道来的承诺和对未知困难的温馨提示，拓宽了我的视野、开阔了我的眼界。

我要感谢为我的研究提供赞助的金主们：美国国家心理健康研究所（The National Institute of Mental Health）、罗素·塞奇基金会（the Russell Sage Foundation）、坦普尔顿基金会（the Templeton Foundation）、费策尔基金会（the Fetzer Foundation）、麦特奈少瑟斯研究所（the Metanexus Institute）、精神与生命研究所（the Mind and Life Institute）以及积极心理学网（the Positive Psychology Network）。我还要感谢汤姆（Tom）和露丝·安·霍纳代（Ruth Ann Hornaday），你们是美国加州大学伯克利分校至善科学中心的创始人，该中心旨在培养有志于"人性本善"话题研究的下一代科学家，还有拉尼（Lani）和赫伯·阿尔珀特（Herb Alpert），感谢你们对我们《至善》（*Greater Good*）杂志的大力支持。

我的学生众多，其中致力于实证科学研究的学生们真是了不起，如果没有你们的帮助，这本书就不会诞生！感谢你们：卡梅隆·安德森（Cameron Anderson）、詹尼弗·比尔（Jennifer Beer）、布伦达·布斯韦尔（Brenda Buswell）、贝琳达·坎波斯（Belinda Campos）、亚当·科恩（Adam Cohen）、大卫·埃本巴赫（David Ebenbach）、詹尼弗·戈茨（Jennifer Goetz）、吉安·贡扎加（Gian Gonzaga）、琼·格鲁伯（June Gruber）、艾琳·希雷（Erin Heerey）、马修·赫滕斯坦（Matthew Hertenstein）、伊丽莎白·霍伯格（Elizabeth Horberg）、埃米莉·英派特（Emily Impett）、迈克尔·克劳斯（Michael Kraus）、卡丽·兰纳（Carrie Langner）、詹尼弗·勒纳（Jennifer Lerner）、亚历山大·罗科根（Alexander LuoKogan）、洛林·马丁内斯（Lorraine Martinez）、克里斯·奥维斯（Chris Oveis）、保罗·匹福（Paul Piff）、萨里娜·罗得里格斯（Sarina Rodrigues）、萝拉·萨斯洛（Laura Saslow）、兰尼·施奥塔（Lani Shiota）、埃米莉安娜·西蒙－托马斯（Emiliana Simon-Thomas）、约翰·陶尔（John Tauer）、伊尔莫·范德洛（Ilmo van der Löwe）、克丽丝·瓦斯奎兹（Kris Vasquez）和兰德尔·扬（Randall Young）。

本书伊始，我的经纪人琳达·洛温塔尔（Linda Lowenthal）对我进行了影响深远的指导。而我亲爱的编辑玛丽亚·瓜尔纳斯凯利（Maria Guarnaschelli）很早就洞察了本书的精髓，并鼓励我不要动摇，她真正做到了"成书之美"（套用"成人之美"的说法）。

本书收官，迎来了"杜兴式微笑"，这是最真实的笑颜，送给你们所有人，并报以诚挚的感谢、感恩、感激之情。

目　录

Born to Be Good
The Science of a Meaningful Life

前言

致谢

安东尼·范·列文虎克[⊖]（Antonie Van Leeuwenhoek）的显微观察改变了我们看待自然世界的视角。1632 年，列文虎克出生于荷兰代尔夫特市一个酿酒兼制篮工人家庭。长大后，他做过布料制造商学徒、市政府小职员、葡萄酒质检员，一直过着自己平静的小日子。直到有一天，他想更好地检验自家店铺里布帘的质量，于是开始着手研磨镜片，制作出了非常简单的单镜片显微镜。列文虎克的好奇心并没有就此止步，他开始使用这架 3~4 英寸的显微镜去观察附近湖泊里的水藻、鱼类的血细胞、自己的精液，甚至去观察两个从不刷牙的老人的牙菌斑。他是发现细菌、血细胞和精子的第一人！他让人类看到了微生物的世界，也改变了人类对自身的理解。

本书以达尔文主义的视角去揭示一门关于积极情绪的新科学。我们将这门新科学称为"仁学"，以纪念儒家的"仁"的思想。

⊖ 安东尼·范·列文虎克（1632—1723年）是一位荷兰贸易商与科学家，被誉为"光学显微镜与微生物学之父"。他一生磨制了超过500个镜片，制造了400种以上的显微镜。

"仁"是孔子学说的核心思想，指的是人与人之间出现的善良、人道和敬畏的复杂混合体。孔子与公元前 5 世纪中国的战争、物质主义、宗教等级制度格格不入，他提出了一种新的方法，通过孕育"仁"的思想去寻找生命的意义。孔子曰："夫仁者，己欲立而立人，己欲达而达人。"孔子还曰："君子成人之美，不成人之恶。""仁"就是当你在激发他人善心时所收获的深切满足感。

仁学基于对以前没有仔细检验的事物的微观观察。最重要的是，它建立在情感研究的基础之上，比如同情、感激、敬畏、尴尬和愉悦，这些情感在人与人之间传递，使得彼此的善行得以完成。仁学也是对人类新语言的微观观测，比如，面部肌肉运动可以表明忠诚，触摸方式可以表达欣赏，俏皮的语调可以化解冲突。它让我们注意到构成我们的新物质、神经递质以及我们神经系统中促进信任、关怀、奉献、宽恕和玩耍的区域。它揭示了一种关于人性本善进化论的新思维模式，这需要修正长期以来的假设，即我们的神经结构只是为了追求欲望最大化、乐于竞争、警惕坏事。

我们借鉴达尔文主义"仁学"视角来看世界，可以很好地改变自己的"仁率"。"仁率"就是你生命中善与恶的较量和比值。如果我们"成人之恶"，"仁率"就会变小。比如，好斗的司机冲着你咆哮，并把你赶下车，然后驱车呼啸而去；在昂贵的餐馆里，傲慢的食客对不那么富有的路人嗤之以鼻。但是，如果我们"成人之美"，"仁率"就会变大。比如，一位中年妇女紧张地把脚趾伸进游泳池里，一个小孩子主动去搀扶她；一个陌生人一不小心踩到一个女人的脚，这个女人不但没生气，反而微微一笑。"仁率"越大，你的世界就越有人情味儿。

让我们给"仁率"注入一点儿活力吧。放学后，我在女儿学校的操场上看到了几个画面。先来看看"仁率"的"分子"：两个男孩欢笑着敲了敲彼此的头；一群女孩在练习手倒立和侧手翻，她们撞到屁股时总是咯咯地笑；在柔软广阔的草地上，臭小子们像狗狗扎堆一样趴在一个小男孩的身上，而这个小男孩兴奋地把足球紧紧地抱在胸前。再来看看"仁率"的"分母"：一个大男孩拿着一个小男孩的鞋子逗趣；两个女孩窃窃私语地议论着另一个想要加入她们独角兽游戏的女孩。分子与分母之比是三比二，这一分钟的操场生活产生的"仁率"是 3/2（或 1.5）。相当不错的景象！最后看一个没完没了的场景：在 8 分钟排队买邮票的漫长过程中，我看到了24 种不同的愤怒：从叹息、怒视到恐怖的哼哼声，还有一个人莫名其妙地大笑了 3 次。这时的"仁率"是 3/24（或 0.125）。

我们可以把"仁率"这个概念推广到任何领域。它可以捕捉我们内心生活的状态、婚姻中的满意期和艰难期、家庭团聚的基调、邻里之间的善意、总统们的花言巧语、历史时代的精神。请把"仁率"想象成一次抓拍，以映射我们努力生活的意义。

"仁率"与国民健康

简单地测量就能得出有力的诊断。阿普伽新生儿评分、血压指数、情商都只需几分钟就能得出，却能揭示一生的轨迹。那么，问题来了：你建议采用什么评分体系来验证我们的社会幸福感，就像阿普伽（Apgar）为新生儿的身体健康所做的努力一样？谋杀率？国内生产总值（GDP）？社会顶层人士与社会底层人士的财富分配？人们嘲笑侯默·辛普森[○]（Homer Simpson）的频率？如果给我

○ 侯默·辛普森是美国电视动画《辛普森一家》中的角色，也是部分美国工人阶级的典型代表，他贪食、懒惰、常常惹事且非常愚蠢，却偶尔展现自身的才智与真实价值，比如，热爱和呵护家人。——译者注

一个指标来衡量个人的社会幸福感以及婚姻、学校、社区或文化的温馨感，"仁率"就是我的首选。

新的研究发现，对个人而言，高仁率，即全心全意地"成人之美"，就是通往有意义的人生之路。每周做五件善举（比如，献血、给朋友买圣代、赠钱给需要帮助的人）可以持久地提升个人幸福感。把 20 美元花在别人身上（或者捐给慈善机构）比花在自己身上更能增加幸福感（尽管大多数人认为把钱花在自己身上是获得幸福感更可靠的途径）。在竞争激烈的经济博弈中，合作型伙伴和那些宽容自私伙伴的人在经济结果方面会比竞争对手更好。新的神经科学研究表明，我们天生就是"仁"的载体：当我们给予他人或积极配合行动时，大脑的奖赏中心（比如伏隔核，即多巴胺受体密集的区域）就会活跃起来。总之，给予比索取更能提高自我福祉。

"仁率"对个人奏效，在婚姻中也起作用：成"爱人"之美，而不是成"爱人"之恶，会得到很多积极的回报。最有害的婚姻动态之一就是低"仁率"现象。在 20 多项关于浪漫伴侣如何解释彼此行为的研究中，即将离婚的夫妇通常将他们亲密生活中的美好事物归因于伴侣的自私动机。比如，妻子这样说丈夫："他给我送花，只是周末打高尔夫球的时候为了讨好我。"遗憾的是，他们也会把自己的争吵、挣扎和危机的责任推到伴侣身上。比如，丈夫这样说妻子："如果她能时不时地清理一下我们车的后座，车里就不会发霉了。"相反，幸福婚姻中的夫妻受到了高"仁率"的引导：他们慷慨地赞扬自己的伴侣，甚至能看到彼此的缺点和错误背后隐藏的美德。

"仁率"对于个人和婚姻的意义就是这样，对于国家来说也是如此：有关经验表明，高"仁率"是社会健康的标志。1996 年，神经经济学家保罗·扎克（Paul Zak）及其同事们随机抽取了一些国家的受试者，要求他们回答以下问题："一般来说，你认为大多数人都是可以信任的吗？或者，你认为在与人打交道时越小心越好吗？"（见图 1-1）。扎克及其同事们在对经济发展等适当变量进行统计分析之后发现，信任是国家财富和健康的驱动力，国民的信任度每增加 15%，他们的经济收入就会增加 430 美元。信任促进了经济交换，减少了失败的谈判、对抗性的协议、不必要的诉讼等交易成本。随着公民之间信任度的提高，歧视现象和经济不平等程度也下降了。"仁率"与社会的经济发展和道德进步息息相关。

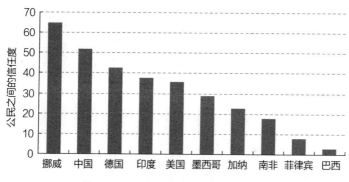

图1-1　不同国家公民之间的信任度对比

我们不禁被图1-1中展示的不同国家文化背景下的公民信任度的差异所震撼。总的来说，斯堪的纳维亚和东亚文化比南美和东欧文化更容易让国民互相信任。较贫穷的国家（如印度）往往比较富裕的国家（如美国）更容易让国民产生信任感。

仁义

最近猛增的关于社会幸福感的研究显示，美国的"仁率"丧失迹象是不容置疑的。在过去的 15 年里，美国公民之间的信任度下降了 15%。美国的社会文化与健康指标勾勒出了一幅幅不那么乐观的画面，比如，越来越多的道德缺失、越来越多的孤独感、越来越多的悲剧婚姻。现在美国成年人的亲密朋友圈比 20 年前缩小了 1/3。父母们用手抚摸婴儿的时间明显少于婴儿与婴儿车的亲密接触时间。在最近联合国儿童基金会对 21 个工业化国家的研究中，美国儿童在总体幸福感方面排名第 20 位（见图 1-2）。

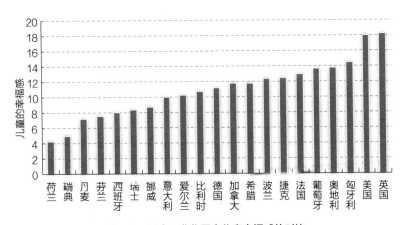

图1-2　21个工业化国家儿童幸福感的对比

儿童幸福感的测量基于六个指标的总和：物质财富、健康和安全感、教育、同伴和家庭关系、行为和风险以及儿童自身的主观幸福感。一个国家的得分越低，反而表明其整体排名越高，该国的儿童生活状况越好。

　　有人把社会幸福感的下降归咎于在高等教育中抛弃了西方文明的经典、屈服于道德相对论，以及丧失了宗教信仰。还有人提出了美国社会结构逐渐衰弱的不同原因：谦逊品质的消失、早熟的性行为、媒介沟通的扩散，以及快餐速食的泛滥。

　　我把这些令人沮丧的社会趋势视为广义人道主义的末日，这时的"仁率"趋近于零。这种意识形态拥有很多极富影响力的倡导者——从 20 世纪奥地利精神病医师西格蒙德·弗洛伊德（Sigmund Freud）到进化理论学家们。你也可以在经济学系的学生宿舍里找到持有这种观点的最具影响力者。他们对人性的角色塑造，即众所周知的理性选择论，延伸到了进化思想、心理科学和情感领域，让我们对"仁学"的科学实践视而不见，但"仁学"是我自己的研究方向。

理性选择论的核心是理性经济人（Homo Economicus），他们是人类进化的最新阶段，也是经济学家们描绘的原始人。这些经济学家们［最著名的是亚当·斯密（Adam Smith）］对工业革命期间财富、技术和进步的巨大扩张感到震惊。

第一个结论就是：理性经济人是自私的。理性经济人的每一个行为都是为了追求自身利益最大化，其形式包括体验快乐、增加物质财富或者进化论者眼中的基因传承。

1954 年，研究者首次发现了大脑边缘"中隔"区域的"快乐中枢"，实验中的小白鼠既不饿也不渴，却疯狂地刺激自己，一连好几个小时。经济学家们认为，我们和小白鼠有很多共同之处，比如，我们天生就爱追求个人满足感。现在有一个新的领域（神经经济学）开始支持这样的观点：在人脑 60 英里的神经布线中，最基本的"奖赏中枢"（可表征为甜味和愉悦的气味）在功能性磁共振成像扫描中也会像圣诞彩灯一样亮起来，它在期待着"赢钱"呢！

如果人类天生就追求欲望的最大化，那么，随之而来的第二个结论就是：竞争就是且应该是人际关系的默认条件。竞争使我们无限的自身利益服从于市场的理性秩序，在这个秩序中，供给和需求限制了我们的欲望。不言而喻，在这种情况下，合作和友善成了掩盖深层私利的文化习俗或欺骗行为。想一想最近在进化圈里关于对陌生人的慷慨行为的争论吧。比如，帮助一个汽车抛锚的陌生人，观看陌生人在超市中微笑着排队的温馨画面，这些事儿耗费了你大量的时间和精力，让你错失了很多机会，更为荒谬的是，得利者竟然是那些无亲缘关系的人。这些行为超出了坚定的进化论者有关"广义适合度"[⊖]（让那些与我们有亲缘关系的个人受益的慷慨行为）和互惠利他主义（最终可以得到回报并提升个人幸福感的慷慨行为）的概念范畴。我们的结论是：这些对非亲缘者的慷慨行为是进化上的错失良机或战略错误，也是对利己主义体系（比如亲朋好友之间的互惠）的误用和滥用。

在危险的环境中与其他满足竞争的机器一起进化，产生了理性经济人的第三个结论：我们的大脑会兴奋起来，优先考虑我们周围的坏事物，而不是好事物。比如，有毒的食物、隐藏的蛇、逼近的捕食者、诱惑妻子的朋友、暗箭伤人的同行。几项研究结果明确显示，负面影响强于正面影响。我们对坏事的记忆要比对好事的记忆更强烈（我们中有谁还能回到高中同学聚会的纯情时刻，那将是个奇迹）。我们的大脑害怕经济损失而不是经济收益：损失 20 美元让人感到刺痛，找到 20 美元只是让人心情舒畅。身体上的虐待、痛苦的离婚、战争经历等多种创伤可以改变一个人的一生，而心理科学还没有文献证明"正面创伤"具有类似的持久影响。负面刺激的幻灯片（比如毁容的面孔或死猫）比正面刺激的幻灯片（比如一张比萨切片或一碗巧克力）更能激发大脑中负责评估判断的区域的活动。宾夕法尼亚大学文化心理学家保罗·罗津（Paul Rozin）观察到，负面事物更容易污染正面事物，而积极事物并不容易影响消极事物。一粒老鼠屎能坏了一锅粥，一锅粥却洗不干净一粒老鼠屎。

⊖ 广义适合度是个体适合度与亲属适合度之和，也是亲属间社会相互作用的后果。
——译者注

"人类天生就爱追求自身利益、相互竞争、警惕坏事而非好事"，这些说法为人们所熟知，处于塑造了西方思想的知识传统的核心。正如下文中引用的名言一样，这些核心假设指导着精神分析、经济学、政治理论和进化论等领域奠基人的思维。

> 强调"不可杀生"的戒律，使我们确信自己就是世代相传的罪人后裔，我们的祖先杀生时热血沸腾，也许我们的血液中也流淌着这种激情。
>
> ——西格蒙德·弗洛伊德（Sigmund Freud）

> 任何文明如果要生存下去，人类就必须摒弃利他主义的道德准则。
>
> ——艾茵·兰德（Ayn Rand）

> 我们可以说，人类总的来说是善变的、虚伪的、贪婪的。
>
> ——马基雅弗利（Machiavelli）

> 自然界是"非常不道德的"……老实说，自然选择"是一个将目光短浅和自私自利最大化的过程"。
>
> ——乔治·C. 威廉姆斯（Geovge C. Williams）

这些都是根深蒂固的人性假设，将"仁率"倾斜到了愤世嫉俗的方向。这些假设会让我们在追求幸福和更大利益的道路上误入歧途。

理性经济人的"中年危机"

如果人类没有自私自利的意识、没有竞争的动力、没有向世间的坏人坏事学坏，如果这些没有给自己"仁率"的分母加码，那

　　么，社交生活将是一种奇特的体验。只要问问威廉姆斯综合征[⊖]患儿的父母就知道了。这些孩子通常有小精灵似的小巧体征和智力缺陷（例如，语言迟缓，注意力分散，很难做到全神贯注）。然而，他们拥有学者般迷人的天赋组合：在谈话中焕发光彩，对音乐和响亮的声音极为敏感，与他人相处时异常自在。从父母的角度来看，令人不安的是，患有威廉姆斯综合征的孩子几乎没有个性和边界感，对他人的幸福怀有纯粹的甚至是病态的兴趣。他们倾向于迅速与刚认识的人建立亲密关系，比如，跟某个满脸痘痘的账房伙计搭讪，找某个交警拉家常，递给某个神经兮兮的乞丐 1 美元。

　　很明显，我们天生就爱追求自身利益，喜欢竞争，警惕坏事。这些倾向是进化过程中的合理部分，根植于我们的基因和神经系统中。它们是人性的一部分，但只占一半。某些理论表明，理性经济人及其支持者正在经历一场信仰危机。最强有力的挑战来自于经济学家们本身，他们开始质疑，自身利益最大化是否确实是人类行为的核心动机。这个问题根深蒂固，在康奈尔大学经济学家罗伯特·弗兰克（Robert Frank）1988 年出版的《理性中的激情》（*Passion within Reason*）一书中得到了激动人心的表达。弗兰克提供了一系列的观察，揭示了人类并不是那只在压力面前寻求自我刺激而被"快乐中枢"奴役的小白鼠。这里有一个问题：从个人欲望最大化的角度来看，为什么我们要在再也不会踏足的小镇餐馆吃完早餐后给女服务员小费呢？这种代价高昂的行为实在没有什么个人利益可言，也没有互惠的承诺，比如，餐馆人员答应下次我们再光

　　⊖　威廉姆斯综合征属于常染色体的显性遗传病，但大部分为散发病例，很少有家族史。发病率为2万个活产的新生儿中有1例，主要表现为心血管的异常。病人通常热爱音乐并且极度友善。——译者注

顾时会加快服务，或者我们的声誉会在其他目睹我们慷慨壮举的食客眼中有所提升。弗兰克观察到，在我们的经济生活中，不时地会出现一些损害我们自身利益、同时提高他人福祉的行为，比如，对同事的慷慨、对远方孩子的慈善行为、对其他物种的保护以及高价购买女童子军饼干的义举。

大量的实证研究结果为弗兰克的先见之明提供了证据。经济交流的引导动机往往超越了目光短浅的利己主义。下面分析一下"最后通牒游戏"的一系列研究结果。这种游戏就像父母为了解决谁能分到最后一块馅饼的问题而采取的"分割－选择"技术。在游戏中，先给分配者一定数量的钱，比如 10 美元，让其先保留一定数量的钱，将剩余的钱分配给另一个受试者（即回应者），受试者可以接受也可以拒绝。如果受试者选择拒绝，那么，双方都不会得到任何东西。任何正式的经济学家都赞同开明的利己主义方法，即分配者给回应者 1 美分或者慷慨地拿出 1 美元，让回应者接受。最后，双方的总体财富都增加了。如果亚当·斯密看到这一幕，他会露出狡黠的微笑。

然而，经济学家恩斯特·费尔（Ernst Fehr）和克劳斯·施密特（Claus Schmidt）在对来自 12 种不同文化背景的人进行的 10 项研究中发现，71% 的分配者会给回应者 40%~50% 的钱。大多数人对近乎平等的分配原则表现出了强烈的偏好。记住，他们是向陌生人而不是向亲戚或者朋友进行分配。世界各地的人们都愿意为了某些原则而牺牲自身利益，比如，平等原则、良好的声誉，甚至是提高他人的福利。

所以，我们不会总是纯粹地追求自身利益。这里还有一个更基本的问题：物质收获会让我们快乐吗？当然会！这是一个普遍的观念。74%（20 年前是 25%）的大学生认为，经济收入是上大学的主要动机，高于其他动机（比如，培养一种有意义的人生哲学或为更大的事业做出贡献）。我们越来越多地从满足物质欲望的角度来定义自己的需求。请看表 1-1，摘自于阿兰·德波顿（Alain DeBotton）的《身份的焦虑》（*Status Anxiety*），它表明，关于什么产品是生活基本必需品的问题，美国公民持有的看法的转变。

表 1-1　把不同产品作为生活基本必须品的美国公民所占百分比的变化情况

产品	1970 年	2000 年
第二辆车	20	59
第二台电视	3	45
不止一部电话	2	78
汽车空调	11	65
家用空调	22	70
洗碟机	8	44

金钱会让我们快乐吗？对于那些财富很少的人来说，答案是肯定的。物质利益使处于最低经济阶层的个人能够避免与经济剥夺相关的无数问题。比如，抑郁、焦虑、对疾病的抵抗力下降、更高的死亡率。

对于那些中产阶级及以上的人来说，金钱和幸福之间的联系是微弱的，或者根本不存在。研究人员已经让数百万人回答了一个简单的问题——"你对现在的生活有多满意？"从中发现，导致我们个人幸福感起伏的并不是个人财富、股票市场、通货膨胀或利率的波动。同样的研究三番五次地揭示，让我们快乐的因素包括浪漫关系的质量、家庭的健康、和好友共度的时光、和社区的联系。当我们亲密关系中的"仁率"较高时，我们自己也会情绪高涨。

"仁"和脸红、欢笑、微笑、触摸

15 年前，当我开始研究情绪话题时，"坏情绪比好情绪更强烈"的论点在情感研究文献中比比皆是。有关实证研究很快发现，英语中代表消极情绪的词汇比代表积极情绪的词汇要多。只要研究正面情绪的一个信号，比如微笑，就会出现 5~6 个对应的负面情绪。关于积极情绪如何激活我们的自主神经系统的问题（比如，控制消化、血液流动、呼吸和性反应等基本身体功能），我们不得而知。这些经验事实让许多业内人士认为，积极情绪实际上是消极状态的副产品。举个例子，我对陌生人感到恐惧，但是，当我意识到一个陌生人熟悉又安全的时候，我体验到了温暖和爱，也停止了恐惧的感觉。科学家们迅速给出了下一步结论：消极情绪比积极情绪更深地植根于人类本性之中，且在我们的日常生活中更加活跃。此时，情绪科学中的"仁率"在"零"附近徘徊。

在过去的 15 年里，我用达尔文主义的眼光来看待情感，人性的另一面展现在我的面前，那就是"成人之美"的积极情绪。我不断遇到两三秒钟转瞬即逝的情绪，它们属于"仁率"的分子。当人们谈论他们早亡的配偶时，我全神贯注地把他们长达数百个小时的谈话记录了下来，其间我见证了他们的笑声，那声音就像是通往更平和状态的短暂旅程。在恋人之间的感情互动中，我会看到短暂的歪头、微笑和摊开双手的姿势。我看到逗趣者们在恶作剧之后用 1/4 秒的时间去安抚自己的攻击对象，比如，拍一拍对方的肩膀或者快速与对方进行眼神交流。在受到惊吓后，人们会短暂地恢复平静，但随后就会陷入一种尴尬的状态，比如斜视、脸红、摸脸、笨拙地微笑。当我向人们展示这些受试者窘迫的照片时，观众们会叹气和嘶喊，这是同情心的信号。

关于人类情绪的权威研究（比如，面部表情如何多元化、情绪如何在神经系统中表达、情绪如何影响判断和决策），从来没有涉及这些心理状态。关于情绪的开创性研究只考察了一种状态——"快乐"。可惜，这项研究往往被"普通"语言所误导。"普通"语言是指我们平日里所说的语言，而不是科学理论的语言。"快乐"是个误导性的词汇，它在情感方面过于笼统，掩盖了感恩、敬畏、满足、骄傲、爱、同情、欲望等情绪状态和逗趣、触摸、欢笑等表情行为之间的重要区别，而这些情绪词都是本书中的关键词。对"快乐"的狭隘关注阻碍了我们对各种情绪的科学理解，而它们是促使人们追求更高"仁率"的动力。我们只问自己"快乐吗"，却错过了生命意义中的许多精微玄妙之处。

我希望，你阅读本书之后可以改变自己的"仁率"，更清晰地聚焦于"人性本善"的细微表现。我希望，你能从一个全新的角度来看待人类的行为。比如，微妙但尴尬的暗示、嬉戏的声音、发自内心的同情、对于别人触摸自己肩膀的感激之情，这些都是 700 万年人类进化的结晶，也是"成人之美"的源泉。只是在追求幸福的过程中，我们忽视了这些基本的情感。我们关于幸福的日常谈话充斥着感官愉悦，比如，美味的澳大利亚葡萄酒，旅馆舒适的睡床，锻炼身体所产生的养生效果。我们缺少的是表达同情、感激、愉悦和好奇等情感的语言和实践。我希望，你的"仁率"能和诗人珀西·雪莱（Percy Shelley）所描述的道德的伟大秘密相一致："道德就是逾越我们自己的本性，而溶于旁人的思想、行为或人格中存在的美。"这个问题的关键在于情感科学长期忽视的情绪研究。我们将探访英格兰肯特郡的达尔文故居，然后和保罗·艾克曼一起前往新几内亚高原。

第二章 达尔文的快乐

　　1967 年，保罗·艾克曼的私人飞机成功地降落在了新几内亚的一个小机场里，幸运中的不幸是飞机起飞时掉了只轮子。他来了，手里拿着一袋照片、拍摄设备，还带着一个"假说"。多亏了中情局在南美的渎职行为，他才有机会来到这里。当中情局滥用政府资金的消息即将公之于众时，政府当局撤回了拨款，并迅速转而资助了一位前途无量却默默无闻的年轻研究员，他就是艾克曼，致力于情感识别和情绪认知的跨文化研究。

　　艾克曼在新几内亚探索的话题是：那些远离西方文化影响的人们，那个生活在前工业时代且以"狩猎－采集"为生的民族，是否会像你我一样解读六种情绪（愤怒、厌恶、恐惧、快乐、悲伤和惊讶）的面部表情照片？艾克曼怀疑自己能否收获满意的调查结果。他受到了那个时代"文化相对论假说"的影响。其实，不管结果如何，他的工作都会促进情绪研究。他并不在意这一点，也不曾想到自己的工作会打破关于情感在人性中所处位置的古老观念。起初，他只是本着查尔斯·达尔文的探索精神前去旅行的！

达尔文的快乐种种

达尔文的《人类和动物的情感表达》（*Expression of the Emotions in Man and Animals*），首印就卖出了 9000 册，成了当时的畅销书。情感表达的话题在英国维多利亚时代的客厅和咖啡馆里引发了科学家和普通民众的热烈讨论。也许对达尔文来说最重要的是，他的妻子艾玛（Emma）对这本书报以赞许和微笑。她认为，与达尔文的《物种起源》（*On the Origin of Species*）相比，描写情感表达的书对维多利亚时代拘于刻板和等级森严的思想体系的影响会小一些。

在《物种起源》之后，达尔文回应了对进化论的一连串攻击。其中最激烈的攻击集中在"自然选择"能否解释上帝创造人类时的设计。创世论者转而用进化论来解释岩石、礁石、页岩、软体动物、藤壶和雀类的起源。然而，他们在经验论方面的开明同时也显现出明显的局限：他们不敢相信，人类本身就是进化的产物，是由类人猿进化而来的，是由自然选择塑造的，既不是源于上帝之手，也不是按照完美主义的理念所设计的。

长期以来，情感一直是不同人性观点角逐的竞技场。进化论者和创世论者之间的冲突再次验证了这一点。像解剖学家查尔斯·贝尔（Charles Bell）爵士这样的创世论者认为，上帝赋予人类特殊的面部肌肉，使他们能够表达独特的人类情感以及"更加高贵"的道德情感，比如同情心、羞愧感或欣喜若狂的情感，这些都是"低级"物种无法感知的情感。含蓄地说，人类面部表情的独特性证明了人类与其他物种之间的不连续性。贝尔爵士认为，可以在配偶或孩子身上观察到的微妙情感表达，正是上帝亲手创造的可见痕迹。这些面部表情肌肉有助于解释为什么人类应该处于生物链的顶端，并成为万物之灵。

达尔文凭借惊人的观察力接受了这一挑战。他整理了各种各样的观察结果，以记录人类和动物表情之间的"精神连续性"。他在家里每天会收到15~25封来信（达尔文是一个多产的写信者），这些书信记录了其他动物情感表达的海量观察，它们的情感迸发犹如我们亲人的情感宣泄。信中还充满激情地描绘了形形色色的场景：小猎犬在集中注意力时皱着眉头，哈巴狗在窃窃私语，猴子在乱发脾气。达尔文亲自把他的小猎犬波莉的情绪表情进行了归类。他在书房里写文、写书、写信的时候，小波莉就蜷曲着躺在他的脚边。达尔文还仔细研究了自己心爱的十个孩子。他还依靠对他所认识的母亲们的敏锐观察，描绘出了生命早期出现的情感表达（比如苦恼和恸哭、欢笑和微笑、闷闷不乐和温柔体贴）。接着，他又转而热衷于一项新技术——摄影。达尔文收集了100多张照片，这些照片描绘了受试者们展示的不同情绪，以及由于受到电流刺激而产生的特定肌肉动作。

这些数据让达尔文对人类情感表达做出了丰富的描述，是迄今为止最详细的剖析。与大约一百多年后研究情感的科学家不同，达尔文假定了多种不同的积极情绪，我统计了一下，共有16种。他关于积极情绪进化的理论探索，发现了我们这个学科领域偏高的"仁率"。表2-1总结了达尔文的观察结果，这实际上是一个富有诗意的情感表达周期表，给短暂的主观状态贴上了鲜明的特色标签。

表2-1　达尔文对情感的表达行为的描述

情感分类	情感的表达行为
负面情绪	
愤怒	颤抖，鼻孔上扬，嘴巴紧闭，斜眉，昂着头，挺起胸膛，双臂僵硬，眼睛睁得大大的，跺脚，身体前后摇摆
焦虑	眉毛内角隆起，嘴角下垂
慌乱	口吃，一脸苦相，面部肌肉抽搐
鄙视	嘴唇鼓起，鼻子皱起，嘘气，眼睑部分闭合，眼睛转开，上唇抬起，哼哧鼻子
不同意	闭上眼睛，转过脸去
厌恶	下唇下翻，上唇上撇，嘘气，张嘴，吐口水，嘴唇鼓起，清嗓子，嘴唇低垂，伸出舌头
尴尬	轻声咳嗽，脸红
害怕	颤抖，双眼睁开，嘴巴张开，嘴唇收缩，眉毛上扬，下蹲，脸色苍白，汗流浃背，毛发竖立，肌肉颤抖，打哈欠
悲痛	眉毛内角隆起，嘴角下垂，动作狂乱，一动也不动，头下垂，眼皮下垂，前后摇晃，脸色苍白，肌肉松弛，胸部收缩，流泪，眉头紧锁，深深叹息，拍手
愧疚	目光厌恶，眼神躲躲闪闪，面部扭曲
恐惧	身体转过去，收缩，手臂伸出，肩膀上耸，手臂紧贴胸部，颤抖，深吸气或呼气，闭上眼睛，摇头
愤慨，抗议	皱眉，身体挺直，昂头，挺胸，握拳
坏脾气	眉头紧锁，鼻子皱起，嘴角向下拉
拒绝	把头向后仰
固执	嘴巴紧闭，眉头低垂，微微皱眉
痛苦	扭来扭去，尖厉地叫喊，呻吟，双唇紧闭，缩回，咬紧牙关，瞪大眼睛，冒汗，皱着眉头，鼻孔张大，大汗淋漓，脸色苍白，垂头丧脑，闭着眼睛，张大嘴巴（嘴唇收缩），眼球受压，眼睛周围肌肉收缩，锥状肌收缩，上唇上扬，鼻孔缩小，头皮、脸或眼睛发红，吸气，抽泣，泪腺受到挤压，大笑，流泪

（续）

情感分类	情感的表达行为
负面情绪	
不知所措	挠头，揉搓眼睛
狂怒	露出牙齿，毛发竖立，脸发红，胸部起伏，鼻孔扩张，颤抖，哆嗦，咬紧牙关，呼吸困难，手势狂乱，额头或颈部的血管扩张，身体直立，向前弯曲，在地上打滚和踢打，尖叫（儿童），皱着眉头，瞪着眼睛，嘴唇鼓起，嘴唇收缩，挥舞手臂，摇晃拳头，发出嘶嘶声
顺从	摊开双手，一只手盖在另一只手上，放在身体的下部
伤心	嘴角低垂，眉毛内角上扬
冷笑，咆哮	牙齿上方的唇角上扬
羞愧	脸红，转过头，低下头，眼睛晃动，眼睛向下或移开，转身侧向，眨眼睛，流眼泪
生闷气	噘嘴，嘴唇鼓起，皱眉，抬起肩膀并且迅速甩开
恐怖（强烈的恐惧）	脸色苍白，鼻孔张开，喘气，吞咽，眼球突出，瞳孔放大，双手紧握或张开，胳膊伸出，出汗，俯卧，眉角收紧和上扬，上眼睑上扬，唇角侧拉，毛发竖立，头发失去光泽
软弱无力的道歉	耸肩，肘部向内转，手掌张开，眉毛上扬
正面情绪	
钦佩	睁开眼睛，扬起眉毛，眼睛明亮，微笑
肯定	点头，睁大眼睛
惊愕	睁大眼睛，张大嘴巴，扬起眉毛，双手捂住嘴巴
沉思	皱眉，下眼睑下的皮肤皱起，目光发散，头部下垂，双手触碰额头、嘴或下巴，拇指或食指触碰嘴唇
决心	嘴巴紧闭，双臂交叉放在胸前，耸起肩膀
虔诚（敬畏）	脸朝上，眼皮往上翻，目光虚弱，瞳孔朝内向上，谦卑地跪着，掌心朝上
快乐	眼睛闪闪发光，眼睛下的皮肤皱起，嘴角向后收紧

（续）

情感分类	情感的表达行为
正面情绪	
兴高采烈 心花怒放	微笑，身体直立，头部直立，眼睛睁开，眉毛上扬，眼睑上扬，鼻孔上扬，做出吃东西的手势（揉肚子），吸气，咂嘴
喜悦	肌肉颤动，无目的的动作，欢笑，拍手，跳跃，跳舞，跺脚，咯咯笑或傻笑，微笑，眼睛周围的肌肉收缩，上唇上扬
欢笑	流泪，深吸气，胸部收缩，身体抖动，头部前后晃动，下颚上下抖动，唇角向后拉，头向后仰，摇晃，脸发红，眼周肌肉收缩，绷嘴或咬嘴唇
爱	眉开眼笑，笑逐颜开，触摸，温柔的微笑，嘴唇突出（在黑猩猩身上），亲吻，揉鼻子
母爱	触摸，温和的微笑，温柔的眼神
骄傲	昂头，身子挺直，俯视别人
浪漫爱情	呼吸急促，面红耳赤
惊喜	眉毛上扬，嘴巴张开，眼睛睁开，嘴唇鼓起，呼气，吹气或发出嘶嘶声，双手高高举过头顶，掌心对人，手指伸直，手臂向后
温柔（同情）	流泪

  达尔文的观察结果十分精确。借此我们了解到，人类在尴尬的时候会咳嗽。达尔文指出了钦佩和虔诚在表达上的细微差别。他还指出，我们在描述恐惧时会闭上眼睛，在回忆往事时会皱起眉头；当感到顺从的时候，我们会将一只手摊开，放在另一只手上，然后双手放在身体的下部；在情绪高涨的时候，可见我们揉肚子或咂嘴的动作。当我们阅读达尔文的描述时，朋友和家人的形象会突然出现在我们的脑海中：因慌乱而口吃，面部表情痛苦，面部肌肉抽搐（我的同事参加教师会议时的表情就是这样）；抗议的表达包括皱眉、挺直身体、昂起头、挺起肩膀、紧握拳头（当我禁止女儿们玩游戏的时候，她们的表情就是这样）。

为什么我们的情绪表达看起来是这样的？例如，为什么生气时会让眉毛皱起、上眼睑上扬、嘴巴紧闭、咬紧牙关？为什么生气时不会出现几千种其他潜在的面部肌肉组合表情？为了回答这个问题，达尔文提出了表情行为的三个原则。根据实用习惯的原则，表情行为实际上是一套完整行为的遗留痕迹，而这套行为在我们的进化历史中产生了有益的结果。因此，它们往往会随着时间的推移而再次出现，并成为内部状态和潜在行为之间的可靠信号。举个例子，厌恶表情就是鼻子皱起、鼻孔张开、嘴巴张开、舌头伸出，因为这是呕吐的痕迹，当有毒物质进入口腔或可能进入口腔时（抑或有害的想法可能会污染大脑时），我们就会感觉到厌恶。而我们今天观察到的面部表情是传达更多肢体动作（攻击、逃跑、拥抱）可能性的丰富速记。

达尔文养了一条性情沉稳的狗，名叫鲍勃。他观察鲍勃之后，得出了表情行为的第二个原则——对偶原则。鲍勃的典型表现就是一张"桑拿脸"（hot house face），愁眉苦脸，耷拉着脑袋、耳朵和尾巴。例如，在乡下，达尔文和鲍勃一起跑步，前者确实观察到了后者并不享受其中的快乐。让达尔文着迷的是，鲍勃的表现与其他的狗截然相反，后者昂起头、竖起耳朵和尾巴，并在主人身边欢快地奔跑。据此，达尔文发现了一个更广泛的原则，即对偶原则。这条原则有机地组织了这种传递失望表情的有趣表演。该原则认为，对立的状态将与对立的表达相关联。比如，猿猴首领、首席执行官、卖弄学问的教授都表现出的最明显的优势姿态和信号之一就是双手叉腰和昂首挺胸。此外，炫耀者还会挺胸拔背，将紧握的手臂放在脑后，身体向后倾斜。这种优势炫耀信号与弱势无力信号截然相反（见图 2-1），后者则头部低垂，肩膀收缩。

图2-1 这是类人猿炫耀自己优势地位的明显行为：展开姿势，手臂伸出来，投掷附近的树枝、石块和植株。同样清晰可见的是毛囊勃起，这是一种导致毛囊周围肌肉收缩的生理反应。我们将在后面的章节中详细讲解，在人类中，这种表情与敬畏有关，它基于一个简单的原则，那就是伸展身体。

最后，用一种优雅的维多利亚风格，达尔文指出，某些表情行为是根据"神经放电"原则而组织起来的。如此，多余的、不定向的能量会在随机的表情中释放出来，比如抓头、触摸脸部、抖腿、拽鼻子、挽头发等。在弗洛伊德的情绪冲突论和精神分析学的核心内容中，关于情感的普遍隐喻之一就是，情感就像"容器中的液体"。从愤怒到狂喜，再到性欲——我们在无数的状态中沸腾、发怒、大动肝火，感觉随时都要爆发出来。因此，许多情绪状态产生了一些看似随机的行为，这些行为反映了心灵内部的情绪波动。我们紧张的时候会揪头发，尴尬的时候会摇头，渴望的时候会咬嘴唇。

这种对人类和非人类观察的去伪存真、反复筛选，让达尔文在每天写作结束时筋疲力尽、身体痛苦不堪，但他很快就完成了《人类和动物的情感表达》一书。达尔文在分析表情行为时，将其追溯至我们的灵长类祖先，他很快意识到自己缺乏一个关键的事实依据：一项研究将探讨面部表情是否在人类中普遍存在，而人类是在选择压力的共同历史中形成的物种。达尔文亲自询问了在其他国家的英国传教士（收到了36封回信），他们是否观察到了维多利亚时期在英国没有出现过的表情。答案是，没有。当然，达尔文的提问方式可能促使他找到了答案。达尔文又开始写游记了，他记录了自己随同贝格尔舰 5 年的环球航行中在火地岛、塔希提岛和新西兰与当地土著居民的邂逅。当达尔文遇到火地岛人的时候，火地岛人对贝格尔舰上的乘客笑脸相迎，他们赤身裸体，挥舞着手臂，长发飘动（见图 2-2）。达尔文是第一个和火地岛人交朋友的人，他们友好地撞击着达尔文的胸膛。也许在这些回忆中，他看到了人类普遍表情的迹象。然而，100 年后，保罗·艾克曼在其颠覆学术范式的研究中获得出了确切的数据。

图2-2 这个火地岛人可能是首次欢迎贝格尔舰的成员之一，他表现出了权力和温暖的综合平衡。右肘的位置与身体成一定的角度，表达出手臂叉腰的细微痕迹，这是一种优势炫耀行为。同时，左臂紧贴心脏，这可能是友谊的象征。注意，火地岛人左边的狗已经盘起身体，随时准备出击。达尔文后来写了关于狗和猫温情脉脉的行为。根据对立原则，这条狗跃跃欲试的攻击架势正好表现了相反的情绪。这条狗的动作明显地表达了某种敌对态度。

在新几内亚的高原上

保罗·艾克曼对达尔文的普遍性理论进行了简单的实证检验。直到今天，这项研究的结果仍会在科学会议上引起争议、人身攻击和冷嘲热讽。首先，艾克曼及其同事华莱士·弗里森（Wallace Friesen）拍摄了艾克曼实验室的合作者和当地参与者的照片，并摆出了 6 种不同情绪的面部肌肉动作组合。根据达尔文的详细描述

（见图 2-3），这些情绪包括愤怒、厌恶、恐惧、快乐（炯炯有神的眼睛露出灿烂的微笑）、悲伤和惊讶。在第一波研究中，艾克曼和弗里森让日本人、巴西人、阿根廷人、智利人和美国人从这六个词（愤怒、厌恶、恐惧、快乐、悲伤和惊讶）中选择最符合每张照片所展示的情绪词。

愤怒　　　　　　厌恶　　　　　　恐惧

快乐　　　　　　悲伤　　　　　　惊讶

图2-3　达尔文描述的六种情绪

这项研究中收集的数据将两种完全不同的情绪概念对立起来（见表 2-2）。

表 2-2　情绪建构理论和情绪进化论概述

问题	建构理论	进化论
情绪是什么？	语言、信仰、概念	肌体中的生理过程
情绪是普遍的吗？	不是	是的
情绪的起源是什么？	价值观、制度、社会实践	自然选择

　　当艾克曼发表第一项研究成果的时候，一种进化论方法开始初具雏形。当时盛行的观点（社会建构理论）源于人类学家们颇具影响力的著作，比如，弗朗兹·博厄斯（Frans Boas）和玛格丽特·米德（Margaret Mead）。这些作者开创性地思考了文化相对论、不同的文化变体以及相应的伦理道德观念。在这一传统中，情感被认为是一种社会结构，根据历史上特定的价值观、制度、习俗和仪式，以特定的文化模式组合在一起。情感的核心是概念、词语和想法，它们塑造了讲故事、朗诵诗歌、公开羞辱或八卦等话语实践，又被这些话语实践所影响。那么，跨文化的情感表达呢——是什么问题把艾克曼送上了飞往新几内亚的破飞机？在这里，建构主义者的预测是，情感的表达在起源、形式和可预见的文化变体方面与言语相似。文化从人类发声器官能产生的数十个音素中选择特定的音素，可以表达不同词语的概念。情感表达也是如此。不同文化的成员，根据他们的推理，选择不同的肌肉运动来表达不同的情绪。最终的结果是，在情感表达的方式上，产生的文化变体势必丰富多彩。

　　支持这种建构主义观点的观察，大多是具体的轶事趣闻，很有说服力。我们从来不曾见到因纽特人表达愤怒的时候，即使在最令人沮丧和不公正的情况下也是如此。比如，当他们珍贵的独木舟被粗心的欧洲大陆游客严重损坏的时候。17 世纪，日本武士的妻子们得知丈夫在战场上英勇牺牲的消息后，反而会露出自豪和博爱的微笑。

　　在艾克曼的第一项研究中，来自高度现代化文化国度的人在 6 种面部表情的解释上表现出相当的一致性。但问题在于，来自所有这些文化背景的人都曾广泛接触过西方媒体，这一点在事后看来十分清晰。也许在与好莱坞情感的邂逅中，比如，约翰·韦恩（John Wayne）和多丽丝·戴（Doris Day）的电影《胡迪·都迪》（*Howdy*

Doody）和《糊涂侦探》（*Get Smart*）重新上映，来自不同文化的受试者们已经学会了如何诠释艾克曼所呈现的面部表情。

结果，艾克曼开启了前往巴布亚新几内亚的航行（见图 2-4）。在那里，他和一个山地部落在一起住了几个月，他们是新几内亚福勒人，过着狩猎 - 采集的生活。在得到巫医的许可后，艾克曼招募了近 5% 的部落成员参与他的研究。参与艾克曼研究的福勒人没有看过电影和杂志，甚至一点英语也不会讲，没有在西方殖民地生活过，也没有为西方人工作过。鉴于这段历史，很难说西方人的理念是如何渗透到福勒人的思想中的，并影响他们如何解读艾克曼呈现给他们的照片。

图2-4　在新几内亚旅行
期间的艾克曼

在批判性研究中，艾克曼使用了著名的"达希尔推断法"[⊖]，

───────────

⊖ 达希尔是开创"冷硬派"推理小说和短篇小说的美国作家。

因为目不识丁的福勒人受试者在回答多项选择题时并不熟练。在这种方法中，艾克曼为受试者们呈现了六个故事，每个故事对应着一种相应的情绪。例如，悲伤的故事是："这个人的孩子死了，他感到悲伤。"在听完这个故事后，福勒人受试者们（包括成人和儿童）从照片中呈现的三种不同的情感表达中选择了最匹配这个故事的照片。如果受试者们只是简单地猜测，那么，在33%的情况下可能正确识别面部表情，这一结果与社会建构主义者的预测和他们关于情绪表达的跨文化差异的主张一致。相比之下，福勒人的成人和儿童在解读六种面部表情时的正确率为80%~90%，这一发现会让达尔文露出微笑，扬起眉毛，明亮的眼睛流露出钦佩之情。福勒人没有受到工业化和现代化的影响，但他们对这六种面部表情的理解却和你我一样。

面部动作单元和客观世界的主观感受

当艾克曼回到美国，第一次在人类学会议上展示这些研究结果时，他被人从讲台上轰了下来。观众席上充斥着意识形态方面的指责。艾克曼的新几内亚数据表明，情感的生物层面（面部不同肌肉的运动）是普遍存在的。很明显，这种观点与建构主义者认为的"生物学在情感中几乎没有作用"的观点相矛盾。艾克曼的研究结果让人联想到"种族差异源于进化论和生物学"的社会达尔文主义，因此引发了众说纷纭的批评。像博厄斯和米德这样的早期建构主义者已经彻底推翻了这些社会达尔文主义的主张（当然，具有讽刺意味的是，艾克曼的数据突出了来自完全不同文化背景的人们的深层相似性，大概是由进化塑造而成的）。

建构主义者们反驳了这个时代被引用最多的情感研究，该研究颇具吸引力地指出，情感体验产生于对社会背景细节的解释，而不是任何特定的生理反应。也许建构主义理论最明确的论证就是，同样的生理反应可能会导致截然不同的情绪，因为人们对自己所处环境的理解方式不同。

这就是该项研究的发起者斯坦利·沙赫特（Stanley Schachter）和杰罗姆·辛格（Jerome Singer）的目的。这项研究声称在检验一种叫作斯普罗辛（Suproxin）的复合维生素对视力的影响，其实是在误导受试者，真正注射的是肾上腺素（也称肾上腺激素，使血压升高、心率加速、手掌出汗）。我们目前最感兴趣的是那些注射了肾上腺素的受试者，他们根本不知道这种注射物的副作用。受试者被药物唤起之后发现自己陷入了两种情境之一。第一种情境是极度兴奋的场景：在一个小房间里，那个实验盟友坐在了心跳加速的受试者的对面，首先把几张纸揉成一团，然后试图扔到垃圾桶里。他说了句"我感觉自己又变回了小孩子"，随后叠了个纸飞机，并抛到了空中。他用橡皮筋弹弓射出纸飞机，又用马尼拉文件夹搭起一座塔，然后开始转呼啦圈，也不知是谁事先把呼啦圈落在了便携式黑板的后面。

第二种情境是愤怒的场景：一场截然不同的情感戏剧发生了。实验盟友和受试者面无表情地完成了相同的五页调查问卷。在被问及童年疾病、父亲的年收入、家人的精神症状等问题后，实验盟友的情绪爆发了。当被问及他每周性交的频率，以及"除了你父亲，你母亲和多少男人有过婚外情"（回答范围最少的是"4个及以下"）时，实验盟友跺着脚走出了实验室，嘴里嘟囔着"这项研究是多么愚蠢"。对建构主义理论至关重要的是，在狂喜状态下被唤起的受试者比在愤怒状态下被唤起的受试者要快乐得多。类似的生理反应（增强版"战逃反应"）可能会导致完全不同的情绪，这取决于特定环境所激发的诠释。这让全世界的建构主义者欢呼雀跃。

这项研究破坏了情绪进化论的基础，因为此类情绪体现在不同的基因编码的生理过程中，而这些过程对人类来说是普遍的，并受我们进化史的影响。相反，情绪似乎可以产生于任何生理反应，这取决于对情绪体验的诠释。情感的特殊性（无论我们是否体验过羞耻、爱、愤怒或同情）和情感体验的本质都是基于文化的建构过程的产物，而这些过程发生在丰富的大脑联想网络中。

为了应对这一诱人的研究及其诸多影响，艾克曼面临着一个危及职业生涯的难题：如何客观地衡量情绪。在情感生活的起起落落中，我们可以依靠什么样的措施来捕捉转瞬即逝的情感体验呢？理想情况下，这种措施可以尽可能地接近真实体验，并在世界各地的实验室中使用。最明显的答案是让受试者用语言描述他们的经历，就像沙赫特和辛格所做的那样。也许最神奇的情感表达是借助于文字，比如，美国诗人 E.E. 卡明斯（E.E.Cummings）的这首爱情诗歌：

在这个极度悲伤
且物欲横流的世界里，
在这个极速旋转的地球上，
谁是那个最快乐最珍贵
活力四射且慷慨大方
的美丽姑娘？

为什么你依然是我的至爱？

在这个忙忙碌碌

且无处安放的灵魂中，

谁是他心中最耀眼的姑娘。

他反复跌倒，又反复爬起，

是不是好像，

爱情戏法中的智障？

为什么你依然是我的至幸？

所有的憎恨与恐慌，

笼罩着奇迹，

在疯狂滋长，

我的一切，

即将消亡。

属十你的奇观，

一眼万年。

为什么我们之间，

爱情地久天长。

尽管文字有很多奇妙之处，但它们在研究情感方面有其固有的局限性。最关键的限制是文字与经验的时差关系。当我们用语言告诉别人自己的感受时，那份描述实际上是对一段经历的回顾性重建。当你描述一天的快乐和挫折，或者你在家庭度假中的快乐，甚至一场戏剧、艺术展览或电影如何打动了你时，你的描述充其量是你当前的感觉、你对情感体验的直觉理论、你对恰当探讨内心情感生活的社会期望以及你的个人风格。例如，针对情感体验，社会权威人士会如何自我表达？再如，你自己倾向于压抑或夸张的情感表露吗？情感体验的过滤式记忆被挖掘出来，然后呈现为一套口头语言，而大部分的情感体验都会转瞬即逝，将过去留在了遗忘的角落。在这方面，琳达·莱文（Linda Levine）和乔治·博南诺（George Bonanno）在研究中发现，当人们陈述过去的经历时（无论是总统选举中令人失望的结果，还是所爱之人的死亡），他们的当前感受以及他们当前解读情绪事件的方式驱使他们对过去情绪的描述与最初感受具有同样的分量，或更甚。

　　我们需要的是发展一种情感度量的方法。我们需要的是一种不带个人情感色彩的即时度量法，它可以将我们的主观经验提炼成毫不含糊的、可量化的措施，可以写在纸上，由科学家解释和讨论。为了捕捉客观世界的主观感受，艾克曼和他的长期同事华莱士·弗里森在没有资金和出版前景的情况下，投入了七年时间来开发"面部动作编码系统"（简称FACS）。这是一种基于解剖学的方法，可以逐帧分析在无缝衔接的社会互动中发生的面部表情，从而识别每一帧可见的面部肌肉运动。为此，他们专攻面部解剖学。他们训练自己移动面部肌肉单元的能力（艾克曼可以把眉毛从一边卷到另一边，就像波浪一样）。他们为了记录自己脸部较深的肌肉活动，还用轻微的电击刺激皮肤表层较深处的面部肌肉。然后，他们将不同的肌肉运动和"肌肉组合运动"如何改变面部表情（新皱纹、老皱纹、酒窝、凸起）翻译成一种"面部动作单元"（简称AU）的深奥语言（见表2-3）。艾克曼和弗里森为心理科学提供了世界上任何一个实验室都可以使用的第一个客观测量特定情绪的方法。不过，研究人员必须先录制相关的情绪行为，然后愿意花100个小时来学习系统方法，还要花一个小时稳稳当当地编码"一分钟的行为单元"。

表2-3　面部动作单元（AU）

面部动作单元	细节描述	面部肌肉	示例图像
1	眉心上扬	额肌，内侧	
2	眉梢上扬	额肌，外侧	
3	眉毛下压	皱眉肌，降眉肌	
4	上眼皮抬起	上睑提肌	
5	脸颊抬高	眼轮匝肌，眶部	
6	眼皮收紧	眼轮匝肌，睑部	
7	皱鼻子	上唇鼻翼提肌	
8	上唇上翘	上唇举肌	
9	法令纹加深	颧小肌	
10	唇角拉伸	颧大肌	

在这种测量面部表情的方法得以开发并被科学家广泛应用的30多年里，数百项研究已经发现，达尔文描述的许多情绪表达所需的肌肉组合运动确实映射到了人们体验相应情绪时的面部表情上。艾克曼对面部表情的研究工作催生了一个新的领域（情感科学），并导致对情感在大脑中的位置、情感在社会生活中的作用、人类和非人类情感之间的相似之处，以及我们如何拥有不同的表达风格的更精确的理解。30多年来，科学家们一直依靠这些方法和这六种情感来分析人类的情感生活。在数以百计的研究、手册、评论、新方法和旧争议中，有人发现了对情绪的三种深刻见解的实证支持，这是下一章的重点。情感是我们内心最深处承诺的迹象，它们连接到了我们的神经系统。情绪是我们道德判断最重要的直观向导。我们追求生命的意义，这需要情感的参与。我们的仁率可以从面部的细微动作中显露出来。

第三章
理性世界的
非理性主义

我仍然清楚地记得那一天。就在我们七年级四方篮球赛的场地旁，我一生的挚爱林恩·弗雷塔斯（Lynn Freitas）害羞地背着双手向我走来。她走得异常近，我们面对面，只有9~10英寸的距离。蓬松的卷发与喜悦的微笑交相辉映，她说："嘿，达彻尔，想做爱吗？"我吓了一跳，心头涌起一阵思绪——最后，她终于意识到了我青春期前的微妙魅力，而我的渴望会让我回忆起中学操场上那些莫名其妙的事儿。我正咕哝着，要想给她一个诚恳而肯定的回答，此时，她已经把她的手放在我面前，掌心朝上，她那娇嫩的手指打出了性爱的手势。我只记得，一群女孩突然围住我，想要见证这场人格诽谤剧情，她们指指点点，发出一阵哄堂欢笑。

如果我是持有面部动作编码系统认证资格证书的七年级学生，又知道自己在研究性欲的非语言线索时学到的知识（林恩没有展示任何蛛丝马迹），我可能会再次被愚弄，因为被我们所爱的人愚弄也许会满足我们的最大嗜好。如果我训练自己的耳朵，能够分辨出戏谑中所包含的优美音响效果，我可能会在林恩的话语（嘿，达彻尔，想做——爱吗？）中巧妙拉长的元音中发现与真情蜜语的细微偏差，这可能会暴露她的戏谑意图。如果我读过 1963 年诺贝尔经济学奖获得者托马斯·谢林（Thomas Schelling）的《冲突的战略》（*The Strategies of Conflict*），我就会明白为什么我会被愚弄，或者至少知道当林恩发出求爱邀请时，我应该期待什么。

谢林指出，最有意义的交流（从承诺在高风险的商业活动中永远互敬互爱或互惠互利，到外交官和谈判人员的战略威胁）取决于承诺问题的解决。承诺问题有两个方面。第一个方面，为了实现对彼此的长期承诺，我们必须经常放弃一些自私主义行动方案（搞婚外情、牺牲同事利益、向公司股东撒谎）。长期的关系要求我们超越狭隘的利己主义和当下的寻欢作乐。

承诺问题的第二个方面可能更具有挑战性：我们自己必须确凿地辨认出哪些人对我们尽心尽力；我们必须找到那些道德高尚的人，并与他们建立长期的纽带关系；我们必须知道哪些人忠诚、体贴、不欺骗、不说谎，不为了追求他们自身利益而牺牲我们。我们必须迅速做出这些决定，以避免经常被世界上的"林恩们"所愚弄或利用。那么，什么能帮我们解决承诺问题呢？

答案就是"情感"。情感体验的本质（表面上的绝对性、激烈性和紧迫感）很容易压倒狭隘的自私算计，使我们能够兑现长期关系中不可或缺的承诺，比如，一夫一妻制、公平、责任和义务。强烈的负罪感能帮我们修复最亲密的关系，但也许会让我们付出巨大的代价。一心一意地体验同情或敬畏的品质，可以激励我们代表他人或集体行事，而非顾及自身的成本或收益。

同样重要的是，当我们试着辨别他人对我们是否尽心尽力时，对方情感表达的核心语言是什么？令人惊讶的是，这些重要的语言在传达和明确生命历程的承诺方面是多么的无能为力！同样重要的还有一些感觉，比如，感觉到有人会真正地爱我们，且风雨同舟；感觉到某个同事会成为我们一生的合作伙伴。语言很容易被操纵，但情绪表达就不一样了。情绪表达为他人的承诺提供了可靠的线索，因为它们是无意识的、无价的、难以伪装的（不同于林恩用来轻易欺骗我的戏谑话语）。情绪表达与孔雀开屏或马鹿的弹跳有着很多共同之处（见图 3-1）：所有这些肢体展示都是奢侈的行为，超出了意志控制，因此较少受到策略性操纵或欺骗的影响。

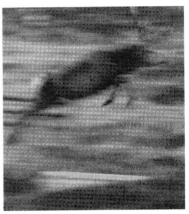

图3-1　孔雀开屏和马鹿的弹跳（在捕食者面前展示，以威慑捕食者，鹿是不容易被逮着的）分别是健康基因和体力体能的可靠线索。这两种行为在产生能量方面的成本非常昂贵，它们是不可能伪造的，这是向潜在的配偶传递健康基因（孔雀开屏）以及体力体能（马鹿弹跳）的信号。

　　谢林提出的一般说法是：情绪是一种非自愿的承诺工具，它使我们在长期互利的人际关系中彼此紧密相连。艾克曼煞费苦心地剖析复杂的面部表情时得出了一个结论，它为谢林的承诺论提供了解剖学上的支持，也将引领我们重新思考情感在我们最重要的关系纽带中的中心地位。面部肌肉一共有 43 组，大部分都可以随意运动。

例如，图 3-2 代表了大多数人的常见面部动作，它们蕴含的价值，是任何人都能利用的。

图3-2　以上三种表情都涉及简单的肌肉运动。最左边这幅图的表情是降压肌的活动，降压肌把嘴角向下拉。中间这幅图显示的是皱眉肌的活动，皱眉肌使眉毛皱起。最右边这幅图，可以看到耻笑肌的运动，耻笑肌将唇角拉向两侧。这三种肌肉运动都可以自动产生。这三种表情都带有明显的信号价值。我最喜欢的是最右边的那个，艾克曼提出的是一个"基准参照表情"，因为它表示一个人领悟到了另一个人正在经历一种"不希望的状态"（也就是说，这种表情暗示了另一个人的情绪）。最右边的这幅图是当一个人意识到另一个人的恐惧体验时常常做出的表情。但是，因为这三种肌肉运动都很容易自动产生，所以它们不是与情绪有关的关键肌肉运动。

　　然而，一部分面部肌肉的连接方式不同，它们由大脑中的不同神经线路控制。大约 85%~90% 的人（除了演员、反社会者、官僚政客、深夜的电视布道者，还有那些花 100 小时学习面部表情者）的这些肌肉不可能随意运动。如果你觉得自己很大胆，可以测试一下自己是不是爱吹牛皮，或者你感觉自己有点儿轻浮，可以测试一下你自己或他人的欠佳情绪能否产生以下肌肉动作（见图 3-3）：
　　我请过几十个夏令营的孩子、数百个课堂上的本科生、数十个研讨会上的高管、我的大多数宽容型朋友，我必须承认，我甚至将自己的两个女儿也拉来练习这些肌肉动作。每个人在经历了多次卡顿、面孔扭曲、信念摇摆和偶然脸红之后，都不可避免地失败了。艾克曼推断，"面部肌肉是什么东西"是定义情绪的可靠指标。面部肌肉的这些转瞬即逝的动作是特定情绪的可靠信号，比如愤怒、恐惧、欲望和爱。含蓄地说，面部动作也是我们社交承诺的迹象。

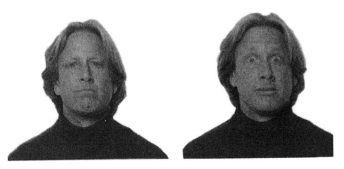

图3-3　左边的肌肉活动与愤怒情绪有关。右边的肌肉组合运动可以让眉毛向上扬起和向内收缩，涉及额肌和皱眉肌的活动，与恐惧和焦虑情绪有关。

想想同情心，这是一种对社会契约稳定至关重要的情感，正如亚当·斯密（Adam Smith）、大卫·休谟（David Hume）和查尔斯·达尔文很久以前所推测的那样。社会学家们寄希望于同情心已经有一段时间了，因为它淡化了个人的自我利益，导致了增进他人福利的行动，甚至是以牺牲自我为代价。问题是：我们如何从煽动家、反社会者和小贩的虚假承诺中辨别出真诚的同情或造福他人的真心的承诺？罗伯特·弗兰克综合了谢林的见解和艾克曼的方法论工作，他推论，在两种简单的面部肌肉运动（AU1 和 AU4）中可以找到一个人的同情心和合作意愿的线索。同情的感觉和对合作交流的承诺，留在了一种无意识的面部表情中，这比廉价的、容易伪造的复制品更值得信任。

为了更深一步解读面部表情，请将你们的反应与下面的两种面部表情（见图3-4）进行比较。左边的面部表情是很难自动生成的。它涉及眉心向上扬起和向内收缩，而且一些实验研究已经证明，它还伴随着交感神经的感觉，激活了神经系统中一个与关爱行为相关的区域。右边的面部表情，虽然在形态上与左边的交感神经表现相当相似，但并不涉及激活这块无意识但性能稳定的面部肌肉。它不是一个人对你的福祉感兴趣的可靠信号。事实上，眉毛上扬是一个有很多含义的信号，包括兴趣、怀疑、软弱和说话时的戏剧化强调。

同情时眉毛倾斜　　　　　　　　　　　　眉毛扬起

图3-4　两种面部表情

达尔文曾声称，我们的情感表达是更为复杂的社会行为的精炼标记，比如指手画脚、安抚、吃东西、拥抱、边逃边叫、呕吐、自我保护等。艾克曼进一步分析了这个问题，他发现，在几千种潜在的面部肌肉组合运动中，只有少数肌肉是判断个人情绪的可靠线索。这一部分的面部表情暗示着一个人的社会承诺，可能会表现为攻击意图、安抚倾向、浪漫关系中的性忠诚，或对社会规范和道德的关注。

从个人的角度来看，情绪是非理性的。情绪会破坏我们在自控、镇定、自主以及狭隘的利己主义的理性世界里的最大努力。在情绪激动时，我不擅长考虑财务顾问的建议，也不会解字谜游戏，还分不清自己行动的成本和收益。

　　然而，长期关系要求我们把功利主义和自身利益的成本收益分析放在一边。情感使我们能够对他人的福利、尊重和维持公平公正的关系做出昂贵的承诺。情绪是我们对他人的一种表达，如果没有这些表达，长期关系就会枯萎甚至死亡。玛莎·努斯鲍姆（Martha Nussbaum）在《思想的波浪》（*Upheavals of Thought*）一书中指出，情绪是我们与他人谈判的惯用语。如果没有这些情感，我们将会生活在一个孤独的、与世隔绝的世界。

绝妙的身体

　　威廉·詹姆斯（William James）和他的显赫家族中的许多成员一样，也患有一点儿忧郁症。也许正是他身体上的过度敏感，导致他在 1884 年发表了关于情感问题的激进论文。他的论文完全颠覆了人们对情感的直觉，事实上，也颠覆了大脑在情感中的角色。大多数作家提出，我们的情感体验来自于我们对具有情感冲击力的事件的感知；反过来，这些经历又会产生根植于我们神经系统的身体反应。比如说，你的尴尬源于你正在主持一个重要的商务会议，却意识到你的公文包上粘着厕纸，正是这种认知和体验产生了生理反应——血液涌向你的脸颊、脖子和前额，这就是"羞红了脸"。

　　詹姆斯的理论颠倒了身体反应和体验的顺序，他指出："我的理论是……身体的变化直接跟随着对激动人心的事实的感知，我们对同样变化的感觉就是情绪。"而对于达尔文来说，我们所有的情绪都与我们的 43 块面部肌肉相连。对于詹姆斯来说，情绪的"地形图"映射到了我们的内感觉。每一种主观状态，从政治上的愤怒到精神上的狂喜，再到一个人听到孩子们玩耍的声音时所感到的欣喜满足，都会产生独特的"身体回响"。

　　由于缺乏实验证据，詹姆斯转向了思维实验。其中一个最能说明问题的例子是：如果你被剥夺了生理上的感觉，比如心悸、颤抖、肌肉紧张、皮肤的温暖或冰冷感觉、手掌出汗、胃里翻江倒海，那么，除了恐惧、爱、尴尬，还会剩下什么情感呢？詹姆斯认为，你只能处于一种纯粹的智力状态。情感体验是在本能反应中形成的。

　　与詹姆斯的分析最相关的身体系统是自主神经系统，简称ANS（见图3-5）。自主神经系统最普遍的功能是维持身体的内部状态，以便对不断变化的外部环境做出适应性反应。自主神经系统就像维多利亚时代人们家中的旧火炉：它产生能量并在身体中分配，使我们能够进行最基本的身体活动，比如消化、性接触、战或逃行为，只要在空间中移动身体就可以。

　　副交感自主神经系统包括起源于脊髓顶部和底部附近的神经。副交感神经系统降低心率和血压，它通过扩张某些动脉促进血液流动，通过胃肠道运送已消化的食物。副交感神经系统还会收缩瞳孔（寻找爱的感觉，就得缩小瞳孔而不是放大瞳孔），它还会刺激消化系统、唾液腺和泪腺（流眼泪）的各种液体的分泌。有科学家认为，ANS的副交感神经分支有助于个人放松，可以恢复资源和肌体技能。ANS的副交感神经分支起源于脊髓（迷走神经）顶部附近，这是负责关爱行为的区域。

　　交感自主神经系统包括十多个起源于脊髓的不同神经线路，最典型的作用是让身体快速移动。它会提高心率、血压和心脏排血量。它使大多数静脉和动脉的血管收缩。它会关闭消化过程。它与作为性高潮一部分的生殖器官的收缩有关。它释放脂肪酸进入血液，为身体快速补充能量。它还帮助身体做好"战或逃反应"的准备。

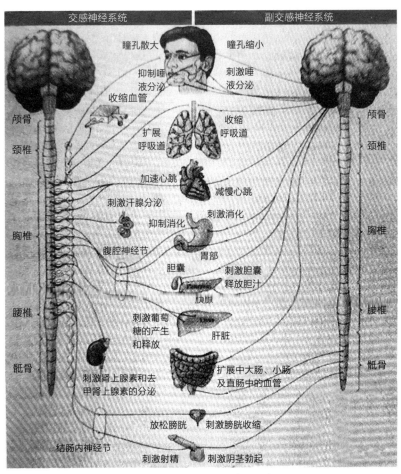

图3-5 自主神经系统（ANS）

詹姆斯的理论认为，每种不同的主观情感都被记录在不同的肌体反应中，这在解剖学上是可信的。诸如厌恶、尴尬、同情和敬畏等不同的情绪，可能源于分布在全身的心脏和肺、动脉、各种器官和腺体的不同激活模式。100年后，保罗·艾克曼的一次偶然发现，为詹姆斯的说法提供了第一个严格的实证支持。艾克曼在实验室里辛苦研究面部动作编码系统的时候注意到了一些奇怪的现象。他移动不同的面部肌肉来记录它们如何改变他的脸部外观、眼眉活动位置、鼻子皱纹、嘴唇收缩等，这些动作实际上改变了他的感觉。例如，当他皱起眉头时，他的心跳似乎加快了，血压似乎升高了；当他皱起鼻子、张开嘴、吐出舌头的时候，他的心跳似乎减慢了，他的胃似乎要翻江倒海了。这种发现让他得出了一个惊人的结论：面部情绪肌肉的运动刺激和激活了自主神经系统。

这一发现引导艾克曼及其同事罗伯特·利文森（Robert Levenson）和华莱士·弗里森进行了一项相当奇怪和有争议的研究。这是最早检验詹姆斯有关情感的具身化的研究课题之一，使用的就是后来著名的“指令性面部动作”（简称 DFA）任务的方法。在这项研究中，受试者按照每块肌肉的指示，将自己的脸配置成艾克曼在新几内亚研究过的六种不同的情绪表情。例如，要做出某个表情，受试者必须这样做：

1. 皱起鼻子
2. 噘起上唇
3. 张开嘴，伸出舌头

如何引导受试者进行正确的表达，就需要一些不寻常的指导。比如“不，不要张开你的鼻孔，而是皱起你的鼻子”“当你扬起眉毛和垂下眉毛的时候，试着不要晃动你的眼睛”“当你把嘴唇拉向两侧时，试着不要咬牙切齿”。受试者以符合要求的特定情绪表达的方式移动他们的面部肌肉，并紧张地憋了十秒钟。在这段短暂的时间里，利文森记录了与面部表情相关的自主神经系统活动的几项测量结果，并最终将其与适当的控制条件进行了比较。

　　当时的主流观点是，自主神经系统过于缓慢和分散，无法产生特定情绪的激活模式。事实上，正是这种对自主神经系统的理解，让沙赫特和辛格对肾上腺素注射、愤怒情绪和兴奋感进行了杂技一般五花八门的研究。第一次指令性面部动作研究的结果驳斥了这一观点。这些发现证明，针对詹姆斯的有争议的论点进行的实证调查可能会让他因为窘迫而脸红，因为他是一个相当害羞的学者，而且生活在著名的哥哥亨利的阴影之下。恐惧、愤怒和悲伤会使心跳加速，但厌恶不会。鉴于副交感神经参与了消化过程，减缓了心脏跳动，这就说得通了。更微妙的是，手指温度对愤怒比对恐惧更敏感，这表明我们对愤怒（头脑发热）和恐惧（脚冷）的冷热暗示源于身体感觉。在愤怒时，血液自由地流向双手（也许是为了便于扭断敌人的脖子），从而提高了手指和脚趾的温度。在恐惧时，手臂和腿部的静脉会收缩，使大部分血液供应集中在胸部附近，这便得"逃跑"运动成为可能。公平地说，许多批评人士都认为，这些区别并不是詹姆斯所设想的那种特定情绪才有的生理特征，但这些数据无疑是朝那个方向前进了一步。

　　随后，利文森和艾克曼收拾并打包好他们的生理学研究设备，对印度尼西亚西部的苏门答腊岛上的米南卡堡人（母系穆斯林民族）进行了类似的研究。厌恶（厌恶会减慢心率）、恐惧和愤怒（愤怒时手指温度比恐惧时高）之间的生理区别再次引发关注。这个结果表明，面部表情和自主神经系统生理之间的联系是普遍存在的，或者，至少在完全不同的文化背景中是明显的。在其他研究中，65 岁及以上的老年人在 DFA 期间的 ANS 反应较弱，这表明随着年龄的增长，人们可以更容易地进入和离开不同的情绪状态。这一生理变化与研究发现类似，即随着人们年龄的增长，他们在情绪经验中体验到了更多的自由和控制。

詹姆斯的非凡论文激发了其他关于 ANS 的研究，如面部红晕、流眼泪、脊椎上起鸡皮疙瘩、胸部的膨胀感觉。这些研究表明，我们的情感，甚至是同情和敬畏等高涨情绪，都体现在我们的内脏里。当这条研究路线转向伦理情感（如尴尬或同情）时，将会呈现一个更激进的推论，即我们的行善能力根植于我们的身体里。

道德直觉

请大声朗读下面这段话，谁的道德直觉对你重要，你就读给谁听。你可以试着读给这些人听：在餐桌上吃点心的家人，歪歪斜斜地躺在篝火旁休息的老友，冒失又敏捷地围坐在会议桌旁的同事。读完这段话，问问他们是否认为这段话里的人物应该受到惩罚。

> 一个男人每周去一次超市，每次去，他都会买一只包装好的鸡。他把鸡带回家，拉上窗帘，为所欲为。然后，他把鸡煮熟，自己吃。

你怎么想？把他关起来？阻止他当少年棒球队的教练？一看到他后院烧烤升起的烟，就给他戴上手铐？还是出于无奈而无视他私生活中这个令人不安的怪癖？

当我向我的学生展示这个场景，并要求他们做出惩罚与否的判断时，他们的反应是反感。他们坐在自己的座位上，本能地向后退缩，脸上写满了达尔文式和詹姆斯式的道德厌恶情绪——上唇上扬，鼻孔张开，感觉胃部翻腾，心跳减慢。然后，就像学习西欧文化的好学生一样，他们回忆起关于个人权利、自由和隐私的公民课。尽管他们的五脏六腑都在抗议，但最终还是决定，这个人不应该受到惩罚，他应该有权在自己家里的私密空间里进行这种烹饪或性行为，只要他把窗帘拉上，不写烹饪书，也不请朋友来吃晚饭。

人们对这种思想实验的反应让乔纳森·海特（Jonathan Haidt）对道德判断产生了一种新的看法，而且把道德直觉放在了首位。海特认为，我们对是非、美德、伤害和公平的道德判断，是两种过程的产物。第一种可能对人们来说很直观，因为它占据了那些将道德判断理论化了 2000 年的人的思想，那是错综复杂且深思熟虑的理性。当我们判断一个行为是对是错时，会进行许多复杂的推理过程，会考虑社会范围内的后果、成本和效益、动机和意图，以及权利、自由和义务等抽象原则。心理科学在描述道德判断时会优先考虑这些更高阶的推理过程。哈佛大学心理学家劳伦斯·科尔伯格（Lawrence Kohlberg）的著名的道德发展理论就是最好的代表。最初，科尔伯格在专题论义里写道，最高形式的道德判断需要抽象地考虑权利、平等和伤害因素。而他在世界各地调查的达标数据只有 2%~3%，且大多数是像他一样受过高等教育的上层社会男性。

第二种，道德判断中更民主的因素几乎完全被心理科学所忽视，那就是情感直觉。一切转瞬即逝和蕴含热度的情感都会提供关于公平、伤害、美德、善良和纯洁的快速直觉。当你目睹强奸死鸡的行为时，你的心底可能会立马翻出那种久远的厌恶感，物种混杂和乱交属于不纯洁的性交现象，真是恶心。在几年前进行的一项研究中，我和我的第一个导师菲比·埃尔斯沃斯（Phoebe Ellsworth）让受试者移动他们的面部肌肉，就像艾克曼及其同事使用指令性面部动作做实验那样，让他们做出愤怒或悲伤的面部表情。当受试者们在脸上保持这些表情时，他们会迅速判断谁应该为他们未来可能在恋爱、工作、财务生活中遇到的问题负责，是其他人，还是非个人的情境因素。那些做出此类判断的受试者脸上带着愤怒的表情，将不公正归咎于其他人；而那些面部表情悲伤的人，他们把同样的问题归咎于命运和非个人因素。因为我们问责追责的道德判断基于身体内脏和情感肌肉组织产生的感觉引导。

海特认为，几千代的人类社会进化使得道德直觉以具身性情绪的形式得以磨炼，比如同情、感激、尴尬和敬畏。情绪是强大的道德指南。它们是推动我们保护道德共同体基础的因素，也就是对公平、义务、美德、善良和互惠的关注。我们的美德能力和对是非的关注力，都是与生俱来的。

如果你还不相信，请看看认知学家乔舒亚·格林（Joshua Greene）及其同事的神经影像研究，该研究表明道德判断的情感和推理元素激活了大脑的不同区域。受试者根据他们对该行动是否适当的认知来判断其是否道德。有些道德困境是不受个人情感影响的，相对而言，没有感情色彩。例如，在"电车困境"演示中，受试者想象一辆失控的电车正朝着 5 个人驶去，如果它按照这条轨道继续前行，将会有 5 人丧生。拯救他们的唯一方法就是触动一个开关，使电车转向另一条轨道，撞死 1 人而非 5 人。当被问及是否应该触动一个开关来拯救 5 条生命时，受试者们毫不犹豫地齐声答道"是"。

再想想"步行桥困境"，这是可以唤起情感共鸣的场景。5 人的生命再次受到失控电车的威胁。在这种情况下，受试者想象自己站在电车轨道上的步行桥上，旁边是一个超重的陌生人。如果受试者用手将圆墩墩的陌生人推下桥，落到轨道上，陌生人就会死亡，但电车偏离轨道，挽救了 5 条生命（受试者的体重不足以使电车脱轨）。可是，把陌生人推下步行桥，这样做合适吗？

当受试者面对这类困境时，功能性的核磁共振成像技术可以确定他们大脑的哪些部分处于活跃状态（见图 3-6）。个人道德困境激活了先前研究发现的大脑中与情绪有关的区域。非个人道德困境和非道德困境激活了大脑中与工作记忆相关的区域，这些区域主要涉及深思熟虑的推理。

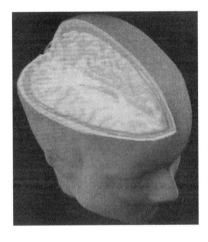

图3-6 格林的研究中更容易引起情感共鸣的道德困境，如"步行桥困境"，刺激了大脑中线区域的两个部位的活跃，即后扣带回和颞上沟，位于大脑后部。而非个人道德困境则刺激了脑背侧、脑前区域（前面和右边）的活跃。

有人参观奥斯维辛集中营的毒气室，并震惊地反思这一人类最可怕的暴行，他说："在奥斯维辛集中营发生的那些事件就是极端残暴的纪念碑，表明当个人（以及由于紧张状态）乃至整个社会与基本的道德情感失去联系时会发生什么。"他的主张是，人类文化的方向（要么走向合作，要么导致种族灭绝）建立在基本道德情感的指引之上。孔子也有类似的言论："我欲仁，斯仁至矣。"而玛莎·努斯鲍姆（Martha Nussbaum）顶住了道德哲学的势头，她认为，情感的核心是价值判断，包括关于公平、伤害、权利、纯洁、互惠的一切道德和伦理生活的核心理念。情感是道德推理的指南，是我们社会生活中快速交流和面对面沟通的道德行动的指南。理性和激情是生命的意义中的情绪搭档。

不再是敌人

我们常常借助于思想实验来辨别情感和情绪在人类社会生活中的地位。自然状态思维实验可以探测我们对人类在文化、文明、枪炮、病菌和钢铁出现之前的直觉。就像道德哲学家约翰·罗尔斯（John Rawls）在泰然自若的冥想练习中所追求的无知之幕，理想心智思维实验要求我们正视在理想条件下运作的心智，它独立于我们自己欲望的压力或我们所处的社会关系网络之外。

情绪在这些思维实验中经常被敌视。哲学家们一直主张应该让情绪从社会生活中消除。这一系列思想在公元前 3 世纪的伊壁鸠鲁派的享乐主义者和斯多葛派的坚忍主义者身上得到了最清晰的表达，还延伸到了圣·奥古斯丁、圣保罗和清教徒们，以及许多当代关于道德生活的记述，例如艾茵·兰德（Ayn Rand）。引用美国著名心理学家 B.F. 斯金纳（B.F. Skinner）的话，"我们都知道，情绪对我们的心灵平静是有害无益的。"

如果这段哲理性的历史看起来有点神秘，那就想想语言学家佐尔坦·科维斯（Zoltán Kövesces）和乔治·拉科夫（George Lakoff）揭示的（也是在英语中经常使用的）隐喻来解释我们的情绪（见表 3-1）。他们认为情绪是对手（而非盟友），情绪是疾病（而非健康之源），情绪是精神错乱的表现形式（而非顿悟的时刻）。爱、悲伤、愤怒、内疚、羞耻，甚至看似较为有益的状态（比如愉悦），都在和我们较劲，让我们生病，并且让我们疯狂。相反，西方人的思维被禁锢了。想象一下，把愤怒、爱或感激当作朋友、一种健康的形式、一种洞察力或清晰思路？我们假设，情感是感知世界的一种较为低级、简单、原始的方式，尤其是当它与更崇高的理性并存的时刻。

表 3-1　情绪隐喻

情绪 = 对手	我在与悲伤较劲 我的热情压倒了我 我忍不住笑了起来
情绪 = 疾病	我得了相思病
情绪 = 精神错乱	他气疯了

保罗·艾克曼的论文引发了一场科学革命，这场革命需要对历史悠久的关于人类本性的假设进行彻底的修正。这门科学将开始揭示情绪是如何与我们的面部结构、语音表达、自主反应和大脑紧密相连的。我们了解到，情绪会支持构成社会契约的承诺，也就是你对朋友、恋人、兄弟姐妹和后代的承诺。情绪不能通过有序的理性来控制，它们本身就是理性的、有原则的判断。情绪不会颠覆道德生活，而是道德行为的指南，告诉我们什么才是最重要的。同情、尴尬、感激和敬畏等情感是高"仁率"和生命意义之根本。

道德情感的起源问题促使达尔文写下了《人类和动物的情感表达》一书，也指引着保罗·艾克曼来到了新几内亚，而对道德情感的深刻洞察源自于对人类进化本质的新见解。这部新的进化论著作是我们下一章的主题，它将揭示，那些受同情、尴尬和敬畏等情绪引导的原始人类的祖先，在生存、繁殖和抚养后代的任务中如何取得了更大的成功。进化论似乎会以微笑面对那些高"仁率"的人。

第四章 善者生存

1943 年 11 月，美国陆军中校"猛将"S.L.A. 马歇尔（S.L.A. Marshall）带领美国军队抵达马金岛海滩与日本人作战。经过四天浴血奋战，美国人占领了这个岛。在随后的平静时期，马歇尔应邀去采访几名士兵，以澄清这场为期四天的战斗中发生的一些细节。马歇尔随后采访了数百名二战期间在欧洲和太平洋作战的士兵，许多人是在订婚之后就马上参战的。1947 年，他在《面对敌火：未来战争中战斗指挥的问题》（*Men Against Fire：The Problem of Battle Command*）一书中披露了这些访谈的结果。

他的采访得出了一个惊人的发现：在第二次世界大战期间，只有 15% 的机枪兵向敌人开火。通常情况下，当上级军官在附近大声发号施令，子弹从他们头顶呼啸而过时，士兵们却拒绝向敌人开枪还击。在这个具有启发性的发现之后，军队彻底改变了训练士兵奋勇杀敌的方式。步兵训练演习淡化了把人当靶子的射击模式。军官转而教导士兵们如何射击非人类目标如树木、山丘、灌木丛、汽车、茅舍、小屋之类。其影响是戏剧性的。据美国军方估计，在越南战争中，有 90% 的士兵向敌人开火。

如果查尔斯·达尔文和他的知识界同行（托马斯·赫胥黎和阿尔弗雷德·拉塞尔·华莱士）与查理·罗斯（Charlie Rose）或美国公共政策频道谈论这一发现（在战斗最激烈的时候，尽管士兵们连自己的生命安全都无法保证，但他们通常会拒绝伤害人类同胞），他们会得出截然不同的结论。对于进化论的共同发现者阿尔弗雷德·拉塞尔·华莱士来说，这种对他人福祉的关心将被视为上帝造人时更倾向于仁慈的证据。华莱士认为，虽然身体是由自然选择塑造的，但我们的心智，尤其是我们的行善能力，是由"一个看不见的精神世界"创造的。这是一种精神力量，阻止士兵扣动扳机结束敌人的生命。

赫胥黎是出身英国著名知识分子世家的神童，也是进化论最早期的倡导者和代言人。在牛津和剑桥的学术圈里，他被称为"达尔文的斗牛犬"。他很乐意把马歇尔的发现归功于文化的建设性力量。在赫胥黎看来，人类的本性是好斗和喜欢竞争，是在一种暴力的、自私的生存斗争中进化出来的。为他人的福利而采取的利他行为，比如拒绝伤害敌军的士兵、公共生活中的日常礼仪、对陌生人的仁慈，都必须通过教育和训练来养成。文化力量的出现抵消了进化在人性核心中产生的卑鄙本能。

达尔文可能会与他的两位同事分道扬镳，得出一个不同的结论。如果他能做到这一点，可能会把马歇尔的经验主义精华放在他的第一本关于人类的著作《人类的由来》（*The Descent of man*）中，这本书是在《物种起源》问世 12 年后出版的。在《人类的由来》一书中，达尔文认为，社会本能（同情、玩耍、群体归属感、关心后代、回报慷慨行为和担心他人的注视）是人性的一部分。用达尔文一贯既谦虚谨慎又煽情的语言说：

在我看来，下面这个命题在很大程度上是可能的——也就是说，任何具有明显社会本能（包括父母和子女的感情）的动物，一旦其智力和人类一样成熟或几乎一样成熟，就不可避免地会获得道德感或良知。首先，社会本能会引导动物在与同伴的交往中获得愉悦，对它们产生一定程度的同情，并为它们提供各种服务。这些服务可能具有明确和明显的本能；或者可能只是一种愿望和意愿，就像大多数高等社会性动物一样，以某种普遍的方式来帮助它们的同伴。但是，这些感受和服务绝不是延伸到同一物种的所有个体，而只是延伸到同一群体的某些个体……当人们掌握了语言的力量，且能够表达社会的愿望时，每个成员应该如何为公共利益而行动的共同意见自然会成为最重要的行动指南。但我们应该记住，无论我们多么重视公众舆论，我们对同胞的赞同和反对的关注都取决于同情，我们将看到，它是社会本能的重要组成部分，也是社会本能的基石。最后，个人的习惯最终将在指导每个成员的行为方面发挥非常重要的作用。因为社会本能和同情就像任何其他本能一样，由于习惯而得到大大加强，因此会服从于社会的愿望和判断。

达尔文推断，我们的道德能力根植于同情心。这些能力受到情感关联或家族关系的限制（他预见了约两年之后被称为"亲缘选择理论"的概念），它们通过习惯和社会实践得到强化。后来，达尔文在解释利他主义行为时提出了一个更有力的观点：

　　如上所述的行为似乎是社会本能或母性本能的力量大于任何其他本能或动机的简单结果，因为这些行为在瞬间完成，让人无法反思，也感受不到快乐或痛苦。但在其他情况下，无论如何阻止，也能感知到悲伤和痛楚。另一方面，一个胆小的人，自我保护的本能可能很强，以至于他无法强迫自己去冒这样的风险，即使为了自己的孩子也不能去冒险。

达尔文认为，我们进化出的善良天性，是通过其他的自动反应和精心打磨的速度来实现的，比如一声意外的巨响使身体畏缩，又如小婴儿的"抓握反射"。这些反应比那些自我保护行为更强烈，这是胆小之人的默认倾向。达尔文早期关于人类社会本能的理论明显倾向于良性"仁率"，即善比恶强大。

克鲁马努人的野外笔记

有很多书我想读，但是，唉，我永远没机会去读。比如，耶稣的自传；又如，弗吉尼亚·伍尔芙[⊖]（Virginia Woolf）投河自尽的故事，她被塞满上衣口袋的石头压得喘不过气来，于是一头扎进了乌斯河，这是她生命中最后一次清醒时的意识流叙事手法。就像那些最有吸引力的畅销书一样，我列了个清单，排在最前面的是一位克鲁马努人的人类学家的野外笔记，他有足够的能力穿越非洲、欧洲和亚洲，来描述大约3万~5万年前我们原始人类祖先的社会生活。

对原始人类祖先日常生活的详尽描述将有助于了解"进化适应环境"（简称EEA）。EEA是对人类进化所处的社会和物理环境的

⊖ 英国女作家、文学批评家和文学理论家，意识流文学代表人物，被誉为20世纪现代主义与女性主义的先锋。

抽象描述。正是在这种环境下，某些基因特征（例如，避免吃带有腐臭气味的食物，女性在排卵期魅力四射）在生存和繁殖的竞争中获得了更大的成功，并被编码到人类的基因中，而其他基因特征则导致了死亡概率的增加，以及来自潜在配偶的冷漠，并迅速退化为"垃圾堆"。

这些克鲁马努人的野外笔记将充实达尔文关于我们道德能力的早期进化分析。早期人类社会生活的清晰图景会告诉我们，反复出现的社会环境降低了基因传给下一代的机会。比如，男性之间攻击性升级的危险，普遍的不忠行为和狡猾的私通行为，因父亲缺席而导致的后代存活率降低。我们也会听说那些增加基因复制机会的社会倾向，如分享食物或照顾后代的能力，这些社会策略可以让人们的社会地位上升，从而得到优先获得资源和配偶的机会。了解 EEA 的这些社会层面，将为理解尴尬、脸红等表情的深刻原因奠定一个平台。比如，为什么我们可以通过触摸陌生人的手臂来表达感激或同情等亲社会情绪？忠贞的爱情是如何在血液中某些神经肽的流动中表现出来的？

如果没有克鲁马努人的野外笔记，若要展望 EEA，我们可以转向几种证据以及超越已知信息的达尔文主义论点，我们还可以转而研究与我们关系最近的灵长类亲戚，特别是 700 万~800 万年前与人类有共同祖先的黑猩猩和倭黑猩猩。在这里，社会存在的相似性（例如，关爱或组织等级）会告诉我们灵长类动物的基本社会倾向和神经系统亲社会的各种组织结构。例如，配偶结合模式的差异揭示了人类天性细节的潜在源泉，以及我们情感生活的新维度。

我们可以查阅为数不多的关于人类祖先的考古记录。这里有多场令人兴奋的辩论，正在澄清在古代火炉附近成堆的动物骨头的故事、智人祖先骨骼结构的变化，以及视觉艺术和音乐的首次尝试。从这些辩论中，我们了解到一些关于原始人类祖先的基本事实。

最后，我们可以依靠对亚马逊、非洲和新几内亚等偏远地区的当代狩猎 – 采集社会的详细观察结果。例如，这些对非洲南部的昆申人的狩猎 – 采集社会生活研究的丰富描述，为了解数万年前狩猎 – 采集部落祖先的日常生活提供了线索。

如果我们拥有克鲁马努人的野外笔记，我们会读到，原始人类大部分时间都是在与其他族群成员一起生活，他们一个群体大约 30~75 人，相互居住得很近。他们的劳动分工明确：女性主要负责食物的采集和照顾幼年时期的婴儿，她们外出的时间少于男性；而男性则会将大量时间用于狩猎任务，比如，打磨石片做武器、切削矛枪、追踪猎物，分享关于迁徙模式和猎物易捕时刻的信息。然而，克鲁马努人作者必须注意到女性和男性在体型上的相对相似性（现代人类男性和女性的平均体型差异约为 15%；而在我们的祖先之前的原始人类物种中，男性比女性的体型大 50% 左右），而男性之间争夺配偶的竞争可能会导致两性之间的体型差异趋于平衡。

本书中有几章揭示了我们原始人类祖先的阴暗面，以及当代人类令人不安倾向的起源。在这里，克鲁马努人的人类学家将有足够的数据来写男性间暴力活动的规律性。这些章节中会有大量关于战争行为和袭击其他群体的观察结果，均可能出现谋杀和强奸现象。策略性的频繁杀婴现象也将成为本书主题之一。

与此同时，这位克鲁马努人的人类学家用一些具体的章节，介绍了我们的原始人类祖先生活的社会维度，并阐明了诸如尴尬、同情、爱和敬畏等情感的起源以及我们早期对"仁"的接受能力（见图 4-1）。

图4-1　人类进化的各个阶段

要么悉心照料，要么任其死掉

克鲁马努人野外笔记的第一章将致力于普及关爱行为，这是高等灵长类动物的一个显著特征。正如弗朗斯·德·瓦尔（Frans de Waal）所观察到的，我们的近亲黑猩猩和倭黑猩猩在看到其他群体成员受到伤害时，往往会变得极度痛苦。黑猩猩和倭黑猩猩经常保护先天失明的同类。当它们与发育不正常的灵长类动物同伴互动时，它们会改变自己的游戏方式、资源分配和进行路线。它们和我们一样，通过调整来适应伤残和弱小的同伴，并采取相应的行动来配合它们。

由于人类祖先的社会群体构成发生了变化，所以关爱他人成了原始人类最迫切的适应方式。对人类祖先骨骼的研究显示，这是灵长类历史上第一次，人类祖先通常可以活到老年，也就是 60 岁。这些第一批年长的灵长类动物，对食物来源、照顾后代的方式以及气候变化了如指掌，但也需要群体中年轻成员的照顾。

另一项更普遍、更重要的关爱行为之源是原始人类的婴儿的极度脆弱。原始人类祖先进化出了更大的大脑：直立人的大脑容量大约有 1000 毫升，比其直系祖先能人的大脑大了 50%。雌性进化出了狭窄的骨盆，以支持直立行走，这时，人类祖先从树栖生物进化为生活在非洲大草原的两足行走的杂食动物。因此，早期的原始人是早产的，胎儿要挤过母体中较窄的骨盆区域。他们进入这个世界的时候，大脑很大，却没有什么生存技能。与灵长类祖先相比，他们有更长的依赖期，需要更多的照顾，以至于原始人类社会组织必须彻底改变，正如我们的神经系统也是如此。

梅尔文·康纳（Melvin Konner）在《缠结之翼》（*The Tangled Wing*）中回顾狩猎 – 采集社会生活时指出，对婴儿的悉心照料无处不在。这种照顾通常由母亲提供，也会由父亲、年轻的女性亲戚（姑姑、姐妹）和年幼的儿童共同承担。对于本杰明·斯波克[○]（Benjamin Spock）训练出来的高度敏感的现代人来说，这可能有点溺爱，但在狩猎 – 采集文化中，这却是社会生活的组成部分（见图 4-2）。于是，康纳观察到：

> 昆申人的母亲在身体的一侧绑着吊带，再用吊带托住婴儿，保持皮肤对皮肤的连续接触。婴儿可以通过腿部爬行、手臂移动、头部放松、双手抓握等反应来适应母亲的动作，避免因皮肤和衣服而窒息。这些动作也预示着婴儿的状态变化，可以提醒母亲婴儿醒来、饥饿或排便。臀部姿势可以让婴儿看到母亲的世界、挂在脖子上的物品、手

○ 美国第一个积极研究并运用精神分析的儿科医师，致力于教授精神病学和儿童发展学，他1946年出版的《婴幼儿保健常识》影响了几代父母。

中的工作等。婴儿很容易与母亲相互凝视。当母亲站立时，婴儿的脸刚好处于10~12岁孩子的视线水平，通常，这些兴趣浓厚的孩子会开始短暂的、紧张的、面对面的交流。当婴儿长大到不需要吊带时，他们会与其他的大人和孩子一起，绕着火堆、手拉手玩耍或进行类似的互动。人们亲吻他们的脸和肚子，唱歌给他们听，用膝盖颠动他们，逗乐他们，鼓励他们，不管他们能不能听懂，都会有人用对话的语调对他们说话。

　　母亲在分娩后的第一年完全纵容婴儿的依赖，第二年只是轻微地抵制。母性护理是连续的，平均每小时四次，只要婴儿有一点烦躁的迹象就得伺候起来。在最初的两年里保持母婴密切接触，可以使母亲做出更细致的反应，这在母婴分离的文化背景中是无法实现的。

图4-2　婴儿期的倭黑猩猩（左）和黑猩猩（右）也会像人类的婴儿一样发出类似"呜呜啊啊"的惊叹声，这都要归功于它们的暖心和可爱。但它们实现自立的时间要比人类婴儿早得多，它们能更快地学会吃东西、找住处，并在自然环境中自主探索。

照看后代是人类的一种生活方式，并已以情感的形式与我们的神经系统相绑定，比如同情和孝顺之类的情感。

面对面

早期人类社会进化适应环境的另一个特点是，它几乎需要持续的面对面交流。不要被你独处的时间所误导，比如，乘公交车上下班、上网、用手机打电话或者在车里吃东西时玩手机。我们用来独处的时间之长是人类的一种极端反常现象，也是当代许多社会弊端和身体疾病的根源。早期人类需要彼此来完成生存和繁殖的基本任务。他们在高度协调和面对面的互动中做到了这一点。正如上文摘录的康纳作品所揭示的那样，亲戚和朋友们换班照看孩子的合作型育儿模式是日常生活的核心。

对考古遗址的研究揭示了合作狩猎获得肉食的证据，这是早期原始人类饮食的重要组成部分。相对于早期人类捕猎的许多动物（如野牛、大象、犀牛），我们的祖先相当虚弱，且行动迟缓，还缺乏其他掠食者的尖牙、利爪、速度和力量。早期人类的力量来自于协调与合作。例如，在法国比利牛斯山脉的莫兰有一条河，据说有5万年的历史，这条河的附近堆满了野牛的骸骨。人们认为，曾经有一波又一波的尼安德特人群体出动，驱赶成群的野牛到悬崖边跌落而死。

早期人类社会生活所需要的持续协调合作，由此产生了形态学上的进化，使我们拥有了非凡的交流能力，在精确性、灵活性、敏感性和误差度等方面与其他任何物种都不同。与我们的灵长类近亲不同的是，人类的面部有相对较少的遮面毛发（这些毛发很可能是在炎热的非洲大草原上脱落的，因为要降温），使其脸庞成为社会信息交流的指路明灯。与灵长类动物相比，面部解剖学发现人类包含了更多的面部肌肉，尤其是眼睛周围的肌肉，这使得人类可以用更丰富的词汇来表达源于面部表情的行为。

不断进化的交流能力在人类的声音中表现得更为明显。随着人类祖先可以两足行走，人类的发声器官发生了戏剧性的进化。与灵长类祖先相比，人类的声道更细长。因此，在靠近喉部的背部，舌头有更大的活动范围，能够发出各种各样的声音。例如，有些类人猿的发声能力极其有限，只能发出几种咕噜声。相比之下，人类可以用声音来劝诫、惩罚、威胁、逗趣、安慰、抚慰、调戏和引诱。

我们不断进化着交流能力，同时也进化着用语言创造文化的能力、制造人工制品和模仿的倾向、用语言来表达和传播跨越时空的信息。尽管黑猩猩和倭黑猩猩很有魅力，但仔细研究它们的社会存在，几乎找不到任何与文化相似的证据。最近人们反复指出，人类模仿、使用符号语言、记忆和协调的能力与我们的灵长类近亲有着根本的不同。我们人类的基本情感倾向可以通过模拟、模仿和交流来迅速传达给他人。诸如同情、爱或敬畏等情感的传播已经成为社会仪式和道德准则的基础，并将个体与合作型团体相绑定。

克鲁马努人的执行官们

克鲁马努人人类学家会很容易辨别出早期人类社会生活的第三个特征，即等级制度。早期人类社会生活的每一刻，从谁和谁睡觉，到谁吃什么，到谁和谁接触，都要分为不同的等级。在当代人类中，也会轻而易举地划分社会等级。我与我的同事卡梅隆·安德森（Cameron Anderson）在研究中发现，在搬进大学宿舍的一个星期内，同学们几乎会众口一词地说出谁在新团体中的地位高、受人尊敬、地位突出、影响力大。同样地，他们对于谁处于图腾柱的较低层的判断也是一致的。在更小的孩子的群体中，地位的差异很快就会显现出来。比如，2岁以下的孩子，在幼儿园看似平等的圆形地毯上可以观察到地位等级现象。不要被性别假设愚弄了，因为对地位的关注不仅仅是男性的事情。成年女性可以获得与男性相当的地位，因为她们同样身手敏捷，具有同等的影响力。弗朗斯·德·瓦尔等人最近的研究也印证了这一点，他们记录了雌性黑猩猩生活中清晰的等级制度。灵长类动物的社会生活之所以等级森严，很大程度上是因为等级制度使群体成员能够以最快的速度和最小的冲突来决定如何分配资源。

高等灵长类动物和早期人类的等级社会组织与其他物种截然不同。在高等灵长类动物和人类中，地位较低的个体很容易形成联盟，最典型的是"二元联盟"，这可能会抵消许多地位较高的个体在体型和力量方面可能享有的优势。此外，人类还发展出了几种社会交流形式，例如，地位低的人可以通过八卦来评论和决定其他群体成员的地位。群体生活中出现的联盟和同盟，以及地位低下者评论当权者声誉的能力，对权势人物提出了新的要求。后者的权威可能越来越依赖于参与社会活动和促进群体利益的能力。

弗朗斯·德·瓦尔在他对灵长类动物政治学的开创性研究中发现，随着地位较低的个体结成联盟的能力的提高，雄性首领和雌性首领必须依靠社会情报来获得并保持他们的特权地位。纯粹的恐吓行为包括捶胸、动不动就露出獠牙、拔树枝、扔石头、制造噪音，这些都是黑猩猩和倭黑猩猩中的猴王以及人类祖先的惯用伎俩，但是需要新的技能。地位较高的灵长类动物每天花费大量时间融入群体，也被社会磨平了棱角。它们很可能调解冲突，例如，让敌对双方之间进行身体接触、鼓励梳理毛发、分散注意力以减少冲突。它们以此确保了更公平的资源分配。

我自己对人类的研究也描绘了类似的图景。我们研究了在少年和青壮年群体中哪些人在等级制度中的地位迅速上升。我们发现，在同龄人眼中获得更高地位的，并不是那些霸道的、炫耀肌肉的、激发恐惧的、背后捅刀子的人（冒犯了，马基雅维利[⊖]，我不同意你的观点）。相反，具有社交智商的个体推进了其他群体成员（这些人只为自身利益服务）的利益，从而提升了其社会等级。权力属于那些参与社会活动的人。年轻人和孩子们充满了社交活力，他们把人们聚集在一起，他们能讲好玩的笑话，或以开玩笑的方式调侃别人的不当行为，或安抚他人的痛苦，他们最终会站在社会的最顶端。大量关于被社会排斥的儿童的文献表明，那些诉诸攻击、到处乱发号施令、大肆恐吓和支配他人的恶霸，事实上是被社会排斥的人，在社会等级中处于较低的地位。权力和地位是原始人类社会生活不可避免的方面，但它们更多地建立在社交智商而不是社会达尔文主义之上。

生存的永久冲突

为了避免大家怀疑克鲁马努人人类学家对自己的同类抱有盲目乐观的看法（大多数人类群体的普遍偏见），那就学聪明点儿，考虑一下人类学家概括的第四点吧。值得注意的是，早期人类社会生活的几乎每一秒都充斥着持续的、往往是痛苦的冲突。

⊖ 意大利的政治哲学家、音乐家、诗人和浪漫喜剧剧作家。他的国家学说以性恶论为基础，认为人是自私的，追求权力、名誉、财富是人的本性，因此人与人之间经常发生激烈斗争。为防止人类无休止的争斗，国家应运而生，颁布刑律，约束邪恶，建立秩序。

在这里，我们会讨论同性之间的明显冲突，比如，对配偶和资源的争夺。早期的原始人类社会组织越来越多地围绕着男性之间争夺女性的竞争而展开。同样的道理也适用于女性，正如达尔文很久以前推测的那样，她们会在美貌的"军备竞赛"中修饰和美化自己，以吸引资源丰富的配偶。

正如人类学家莎拉·布拉弗·赫迪（Sarah Blaffer Hrdy）在《母性》（*Mother Nature*）一书中精彩地阐述的那样，这种利益竞争的逻辑延伸到了亲子关系。后代对父母提出竞争性的要求。因此，父母们必须做出战略性的、往往是令人失望的功利主义判断，以决定把资源投入到哪个后代身上，以及在极端的情况下应该放弃哪个后代，比如饥荒或战争。

正如哈佛大学进化学教授大卫·海格（David Haig）在遗传学和生理学层面所证明的那样，这种亲子冲突甚至延伸到了母亲与胎儿的关系。人类怀孕的许多病理，如高血压或糖尿病，都是从胎儿对母亲的营养供应提出自我需求的角度来重新解读的，而母亲为此付出了相当大的代价。

兄弟姐妹之间也难免会发生永无休止的争执，有时甚至是致命的冲突。我记得，有一天深夜，我在准备"家庭成长和道德培养"的讲座。当时，我刚把我的两个女儿——娜塔莉（Natalie，当时 4 岁）和塞拉菲娜（Serafina，当时 2 岁）哄上床睡觉。她们就宛如空中掉下了两个嗜睡的小天使，一个挨着一个，落在了床上，四肢展开，静静地平躺着睡觉。这时我突然意识到一个让我情绪激动、悲喜交集的事实。一项针对美国家庭的观察性研究显示，4 岁和 2 岁的小姐妹在醒着的时候每 11 分钟就会发生一次冲突——戳眼睛、斗嘴、扯头发、抢玩具、咬胳膊、挠脸颊。

弗兰克·萨洛韦（Frank Sulloway）在《天生叛逆》（*Born to*

Rebel）一书中观察到，这种手足冲突是进化论所期望的。兄弟姐妹平均只共享 50% 的基因，他们会争夺许多资源，比如，父母的保护和关爱、食物、配偶，特别是在资源稀缺的情况下，更是争斗不断。这种冲突经常发生，范围很广，有时甚至是致命的。在出生前，小幼鲨们会在母鲨的输卵管里互相吞食，直到一条营养良好的鲨鱼幸存下来。一旦蓝脚鲣鸟的体重下降到正常体重的 80% 以下，它的兄弟姐妹就会把它赶出巢穴，有时还会把它啄死。幼小的鬣狗天生就长着巨大的犬齿，它们常常会对新出生的兄弟姐妹发动致命的攻击。

冲突几乎是人类社会生活的同义词。然而，早期的人类冲突不同于许多其他物种，它是通过已经进化的调解能力来满足的。这一基本观点可以追溯到珍·古道尔（Jane Goodall）和弗朗斯·德·瓦尔的观察，他们记录了我们灵长类近亲在遭遇攻击后是如何调解的。在他们的研究之前，由动物行为学家康拉德·洛伦茨（Konrad Lorenz）提出的普遍观点是，在发生攻击性冲突之后，双方攻击者都会尽可能地远离彼此。对于独居的物种来说，这种观点可能是有道理的，比如金毛仓鼠会在受到攻击时逃跑；或者，对于有领地意识的物种来说，这种观点也能行得通，比如许多鸟类依靠鸟鸣来创造看不见但能听见的界线，以避免致命的冲突。

然而，对于许多哺乳动物来说，这些选择（逃离群体或执着于独居的领地划分）并不具有进化意义。原始人类的祖先互相依赖以抵御捕食者，他们狩猎、繁衍、抚育后代，直到其独立生存和生育的年龄。几乎可以肯定，那些能够更好地处理冲突的个体在生存和基因复制任务中会表现得更好。最近的研究发现，因过度攻击和不能玩耍而被赶出群体的狼，繁殖的可能性更低，死亡的可能性更大。许多与人类隔离相关的生理困难（比如，应激反应增加、对疾病的反应减弱，甚至寿命缩短）表明，我们的生存依赖于与他人的健康稳定的关系。冲突的代价高昂，且痛苦不堪，但总好过另一种选择——自我保护的孤独存在。在贯穿人类社会生活的无休止的冲突中出现了一系列丰富的能力，这些能力可以缩短或消除冲突，比如，展示出妥协、宽恕、开玩笑、逗趣和欢笑的情绪。

脆弱的一夫一妻制和新爸爸

最后，克鲁马努人人类学家将拿出一个非常纯洁的章节来讨论我们人类祖先的"好色政治"。他们在性生活方面的社会组织与我们最近的灵长类近亲不同，前者更像北美的红眼雀或飞来飞去的鸣鸟，而不像狒狒或黑猩猩。与这些灵长类近亲相比，人类是相对拘谨的。雌性黑猩猩在13岁时达到性成熟后，会用一大块粉红色的性感皮肤来展示它的性接受能力。在36天的月经周期中，有10天时间它每天交配几十次，对象是它所在群体中的所有或大部分成年雄性黑猩猩。在这个时期，雄性黑猩猩为了接近雌性黑猩猩而采取攻击行为和耍花招，这些都是消耗体力和精力的事儿。雌性主要靠自己抚养后代；雄性对整个群体有贡献，但对后代没有贡献，而且雄性不知道自己的后代是谁。

再说说倭黑猩猩。现代科学认为，倭黑猩猩与黑猩猩不属于同一个物种。它们的性生活被某些渴望"来一场性革命"的人们普遍羡慕。雌性倭黑猩猩的性活跃期约为5年，之后它们才能生育，并且可以自由地与其群体中的许多成年雄性交配。同性恋关系也很普遍。年轻的雄性经常与年长的雌性发生性行为，看起来像是性启蒙游戏。倭黑猩猩之间的性接触是缔结友谊、减少冲突和相互嬉戏的基础。

相比之下，克鲁马努人人类学家观察到的一夫一妻制倾向在高等灵长类动物中很不寻常。人们从未观察到这种倾向，除非是在没有地域意识且雌雄大混合的物种中。这种性生活的组织有几个重要的含义。雌性已经进化到在整个月经周期都表现出"性活跃"。雄性和雌性可以对对方保持专一的"性兴趣"。例如，在一项关于世界文化的调查中，在853个被抽样的群体中，只有16%的群体承认一夫一妻制为官方政策，但"性生活一夫一妻制"是最常见的性生活模式。雄性进化到知道自己的后代是谁，并提供资源和照顾他们的后代。

那么，克鲁马努人人类学家就会得出结论，进化适应环境的社会环境支持强烈的关怀倾向、高度协调的面对面的社会交流、协调的需要和社会等级的扁平化、面对利益冲突的不断协商，以及一夫一妻制的性生活倾向。正是人类早期社会存在的这些特性导致了道德情感的产生，达尔文对此很感兴趣，但长期以来却被他所引导的情感科学所忽视。像同情、尴尬、敬畏、爱和感激之类的情感会涌现在早期原始人类社会生活中反复出现的社会互动中，包括照顾脆弱的后代、亲人和亲属之间的嬉戏和交流、地位的变动和谈判、当前和潜在性伴侣之间的求爱和调情等。这些情绪会通过自然选择和"性选择"的过程与我们的身体和社会生活相绑定。这些情感将演变成人类社会生活的语言，勾勒出父母与子女的关系、伴侣和盟友之间的关系、等级制度中占主导地位和从属地位的成员之间的关系，以及性爱交配的关系。这些情感将成为我们的道德指南，帮助我们融入稳定的、合作的社会群体。这些新的道德情感将根据三个总体原则进行运作，这些原则将在一场由最聪明的数学家和计算机黑客相互竞争的锦标赛中揭示出来，目的是探索在适者生存中流行什么策略。

以牙还牙的智慧和伟大的变迁

罗伯特·阿克塞尔罗德（Robert Axelrod）在《合作的进化》（*Evolution of Cooperation*）一书中提出了以下问题：在残酷追求自身利益的竞争环境中，合作是如何出现的？同情、敬畏、爱和感激，这些强烈地以增进他人福祉为导向的情感，是如何在追求自身利益的社会群体中生根发芽的，进而受到自然选择的青睐，并被编码到我们的基因和神经系统中的呢？

阿克塞尔罗德自己也对如此多令人震惊的合作行为感到吃惊，这些行为驳倒了关于自我保护和利己主义的假设。例如，在第一次世界大战的战壕中，英国和法国士兵与他们的敌人德国士兵相隔几百码，这是一片被烧毁的、没有树木的、泥泞的无人之地。一方的野蛮攻击通常会遭到另一方同样猛烈、致命的反击。然而，在这些噩梦般的毁灭过程中，"合作"出现了。双方会悬挂特定的旗帜，表示不会发生冲突。他们口头约定不向对方开枪。他们进化出了纯粹象征性的、无害的"开火"模式，来表明非致命的意图。所有这些合作策略让士兵们能够和平地吃饭，并享受长时间的不交战。在特殊场合，敌对双方甚至互相称兄道弟（见图 4-3）。事实上，合作变得如此普遍，以至于指挥官不得不进行干预，要求恢复致命的战斗状态。

阿克塞尔罗德从历史轶事转向"囚徒困境游戏"（见表 4-1），来回答他关于合作进化的问题。他组织了一场锦标赛，邀请参赛者（冷战战略家、心理学家、获奖数学家、计算机专家以及其他的游戏迷）提交电脑程序，要说明在囚徒困境游戏中，大家应该根据前几回合发生的情况而做出哪些选择。角逐者们在第一届锦标赛中提

图4-3 在第一次世界大战的艰苦战壕中，英国和法国士兵打败了自我保护和利己主义的假设，他们与敌方的德国人情同手足。

表4-1 囚徒困境游戏

	对方的行动	
	合作	竞争
你方的行动 合作	5, 5	0, 8
竞争	8, 0	2, 2

注：在囚徒困境游戏中，受试者们需要做出一个简单的选择：合作还是竞争。如果双方都选择合作，他们就会做得很好（在本例中，他们每人得到5美元）。如果一方竞争而另一方合作，竞争者的收益是以合作者的损失为代价的（在本例子中，合作者分文不收，竞争者却得到了8美元）。如果双方都选择竞争，他们每人得到2美元。从自我利益最大化的角度来看，理性的做法就是选择竞争。然而，问题在于，就像在军备竞赛、共享资源使用、亲密生活和商业伙伴关系中那样，双方对自身利益的追求却导致了更糟糕的结果。

交了14种不同的策略，每个策略都在随后的200个回合中互相竞争。这场博弈真实地反映了人类的社会生活。拥有不同战略方法的个体之间以牙还牙、针锋相对，就像霸凌者和利他主义者在初级中学操场上厮杀，就像马基雅维利主义者和善良的同事在工作中竞赛，就像鹰派（主战派）和鸽派（主和派）在外交政策辩论中博弈，想必也像原始人类所做的那样，个体会通过基因的随机突变来确定合作或竞争的倾向。那么，谁会占上风呢？

阿纳托尔·拉波波特（Anatol Rapoport）提出了"以牙还牙"策略。这种策略非常简单，它在第一个回合与每个对手合作。然后，它会对对手在前一回合中的行为做出回应。对手的合作行为得到了"立马合作"的奖赏。然而，"以牙还牙"并不是盲目地合作，而是"以竞争还竞争"：对手的背叛行为会受到直接背叛的惩罚。

阿克塞尔罗德举行了第二届锦标赛，吸引了角逐者们热切地提交了 62 个战略。所有参赛者都知道第一回合的结果，也就是说，"以牙还牙"策略赢了。所有人都有机会回到黑板前调整他们的数学算法，执行进一步的计算机模拟，并设计一种策略来推翻"以牙还牙"的局面。在第二场比赛中，"以牙还牙"策略又一次占据了上风。值得注意的是，"以牙还牙"策略并没有战胜一切策略。例如，你可能已经预料到，一个始于竞争并且始终具备竞争性的策略将会在"以牙还牙"中占据上风，因为它在第一回合就建立了优势（当然，与其他纯粹竞争的策略相比，这种策略得分不多，而且备受折磨）。然而，总的来说，倾向于"仁义天性"的、简单而合作的"以牙还牙"策略，在比赛中对抗不同策略的社群时取得了最高的成绩。

为什么要"以牙还牙"？"以牙还牙"是基于三个原则，而怜悯、尴尬、爱或敬畏等情感促进了生命的意义。第一大原则叫作成本收益逆转原则。给予的代价是昂贵的，为他人投入资源（食物、感情、交配机会、保护等）会让自己付出代价。从长远来看，如果慷慨的对象不是知恩图报的人，就会有被利用的风险。给予的成本限制了合作的趋势。

因此，人类组织中必须有一套机制来逆转给予的成本收益分析。这些机制可能会将他人的利益置于自己之上，并将他人的收益转化为自己的收益。"以牙还牙"的行为就是成本收益逆转原则的实例。它的默认设置是合作，让对方和自己都受益。它不是嫉妒，不会随着合作伙伴的利益增加而改变策略。它是宽容的，愿意在其与伙伴第一次合作行动时就积极配合，即使发生了一连串的精神背叛也无妨。

实现生命的意义的情感建设基于对他人福祉的关心。像同情心这样的情绪会改变思维，从而增加从改善他人福祉中获得快乐的可能性。像敬畏这样的情绪会改变我们自我定义的内容，不再强调个人的欲望和偏好，转而关注连接我们彼此的纽带。与这些情绪相关的神经化学物质（催产素）和神经系统区域（迷走神经）则促进信任和长期忠诚。按照天生的结构设计，我们需要关心除了欲望的满足和个人利益最大化之外的其他事情。

第二大原则叫作可靠识别原则。这一点在"以牙还牙"中很明显，很容易理解。这里没有诡计，没有马基雅维利式的掩饰，没有策略上的信息误传。相对于"以牙还牙"策略，它可能只需要5~10个回合就能对其未来的行动做出自信的预测。这与你在有线电视扑克锦标赛上看到的情况相反（冷酷无情和神秘莫测是当今的风尚），随着合作关系的兴起，透明的善意举动才是更明智的做法。当乐于合作的个体能够有选择性地与其他善良的个体进行互动时，合作局面就很容易出现并走向繁荣。

显而易见，合作、善良和美德体现在可观察的行为中，比如，面部肌肉的运动、简短的发音、移动双手的方式或摆出身体姿势的方式、凝视活动的模式，这些都是普通肉眼能观察到的信号。更进一步说，这些美德的外在信号含有不自觉的因素，不太可能被伪造，而且很可能在人们形成关于谁值得信任、爱和为之牺牲的直觉时得以利用。合作和友善的出现必须有值得信任和合作的外在标志，这一核心前提塑造了情感的非语言标志，比如同情、感激和爱。随着科学开始触及身体中的亲社会情绪，新的面部表情也开始被挖掘，比如尴尬、羞愧、同情、敬畏、爱和欲望。针对新的交流方式的研究表明，我们可以简单快捷地触摸前臂以表达感激、同情和爱。在日常生活的微观互动中，我们时时刻刻都能察觉到他人的善意举止。

第三大原则，"以牙还牙"策略会唤起他人的合作，这就是传染性合作原则。合作和给予的倾向很容易被竞争和自私的人利用，在某些情况下确实是"人善被人欺"。但是，如果善良的个体能够唤起他人更多的亲社会倾向，从而促进合作交流，那么他们就会更加成功。在某种程度上，善良会激发他人的善意回应，我们应该让善良发扬光大。

诸如同情、尴尬或敬畏这样的情绪，在许多不同的层面上都具有传染性。感知他人的微笑，甚至是潜意识的微笑，也会促使感知者感觉良好，并表现出远离战逃反应的生理学转变。也许更引人注目的是听到别人的善意时所唤起的感觉：鼓起胸膛、起鸡皮疙瘩、偶尔流泪。乔纳森·海特称之为"心态升华"，并认为，我们在听到他人的善行时会受到鼓舞。凭借触摸，合作和友善在几秒钟内就会在人群和物理空间中传播开来。情绪可以实现生命的意义，具有强大的感染力，而感染力增加了情绪传播的机会，把情绪编码进了我们的神经系统，将情感仪式转化成了文化实践。

现在，我们已经准备好研究那些提升"仁率"和实现生命意义的情绪。我们已经回顾了这项研究发生的知识背景，假定情绪是破坏性的基本倾向，是人类本性的一部分，主要是为了满足欲望。我们已经考虑了在过去30年里发现的情绪细节。我们已经知道，情绪作为承诺工具，体现在我们的身体里，并以系统的方式塑造着我们的道德判断力。在之前的章节中，我们已经概述了什么样的进化环境可能会导致同情或感激之类的情绪，以及这些情绪遵循什么样的一般原则。我们现在将转向新的科学研究，阐明全新的人性初心，这将为达尔文关于人性本善学说的新见解提供证据。这种善良本性植根于我们的情感中，这些社会本能可能比"其他任何本能或动机"更强大。

1860 年 7 月 2 日，埃德沃德·迈布里奇（Eadweard Muybridge）（见图 5-1）在旧金山登上一辆前往密苏里州圣路易斯的马车，准备在那里乘火车前往欧洲。在那里，他和哥哥一起经营了一家书店，他努力搜寻稀有书籍以填满书架。可在得克萨斯州东北部，发生了令人惊吓的一幕。马车司机失去了控制，马车从山坡上翻了下去。迈布里奇从马车后部的车厢里摔了出来，他的脸撞在了一棵树上，损坏了他大脑中的一部分额叶，而这是让人们能够利用自己的情绪来做出艰难决定的区域。

在英国混混沌沌地待了六年后，迈布里奇回到了旧金山。1872 年，他娶了比他小 21 岁的弗洛拉·沙尔克罗斯·斯通（Flora Shallcross Stone）。迈布里奇连续几周出差在外，拍摄约塞米蒂国家公园和战争中的印第安人，而弗洛拉则经常和精

图5-1　埃德沃德·迈布里奇

力充沛的哈里·拉金斯少校（Major Harry Larkyns）一起出入时尚剧院和餐馆。不久之后，弗洛拉生下了一个男孩。对迈布里奇来说，这个小男孩与其说是快乐的源泉，不如说是忐忑和猜疑的根源。迈布里奇的怀疑很快得到了证实：他很快就发现了一张婴儿的照片，背面刻着"小哈里"。当小男婴的护士也作证说哈里·拉金斯是孩子的亲生父亲时，迈布里奇感到不知所措。

迈布里奇乘火车去了卡利斯托加。当时，拉金斯在卡利斯托加的黄夹克农场工作。一到农场，迈布里奇就大步走到前门，吵着要见拉金斯。拉金斯来了以后，迈布里奇平淡地说："晚上好，少校，我叫迈布里奇！"这时，他举起史密斯威森二型六发式左轮手枪，朝着拉金斯的左乳头下方一英寸处开了一枪。拉金斯捂着伤口，穿过屋子跑到外面的朋友那里，然后倒在地上死了。在场的一个目击者缴了迈布里奇的枪械，把他带到客厅里。迈布里奇向在场的女人们道歉，说他"打搅"她们唠家常了。

迈布里奇的审判备受关注，最终他被判无罪。在审判中，几名证人谈到了马车事故对迈布里奇性格的改变。事故发生后，他似乎变了一个人——古怪、冷漠、孤僻、冷淡。他的言谈举止都很怪异。他从不经常清洁自己。他不大喜欢外出社交。他很难记住为他的摄影提供资金的合同。他表现得很少或根本不谦虚，对自己的古怪行为也不感到尴尬。

尴尬与无礼、冷漠与谋杀有什么关系呢？为了找到这些问题的答案，我会将人类社会生活的画面设计成逐帧动画，因为我受到了达尔文的启发，也感知了迈布里奇本人首创的静态摄影。我会放慢这两秒钟的模糊不清的尴尬片段，研究它转瞬即逝的元素——目光的转移、低头的动作、腼腆、收敛的微笑、颈部的暴露以及对脸部的一瞥。当我开始该研究的时候，这种尴尬的表现被视为一种困惑和意图受挫的迹象。我的研究将会讲述一个不同的故事,一个这些关于尴尬的因素如何成为一种进化力量的明显信号。在冲突期间和社会契约破裂后,当人际关系岌岌可危和好斗倾向危险上升时,这种力量会将人们聚集在一起。这种微妙的表现是我们尊重他人的标志,是我们对他人看待事物的视角的欣赏,也是我们对道德和社会秩序的承诺。我还发现,尴尬的面部表情是进化的信号,这些表情的雏形也可见于其他物种,这种看似无关紧要的情感研究为大脑提供了一个道德通道。而在迈布里奇的案例中,大脑的道德区域早在多年前的得克萨斯东北部就遭遇了毁灭。

慢世界,逐帧的视频

当迈布里奇于 1866 年回到加州时,他的大脑受到了损伤,变成了另一个人,他被卷入了一场彻底的变革之中。空间、时间和人类交流的普通节奏正在被新技术、蒸汽机、铁路、工厂和摄影所摧毁。迈布里奇将成为这种现代化的摄影师,而现代化实现了对人类社会生活的解构。

迈布里奇以研究运动中的动物而闻名,他的痴迷探索始于他在帕洛·阿尔托农场里拍摄利兰·斯坦福(Leland Stanford)的马匹。在宾夕法尼亚大学的 18 个月里,迈布里奇疯狂地拍摄了 10 万多张照片,抓拍了一帧又一帧的人物元素,有些是裸体的,动作包括走路、跑步、做空翻、跳跃、扔飞盘、下楼梯和倒水等。他拍摄的镜头包括:裸体妇女扔球和喂狗,没腿的男孩一会儿坐进椅子里、一会儿又滑了出来,残疾人在跛行,裸体男人做步枪训练,砌砖,扔75 磅的石头等。实验对象的脸通常是转过去的。他们是孤独的存在,远离了周围人的温暖环境。

在这个逐帧动画的世界里，迈布里奇揭示了以前人类肉眼无法看到的真相。比如，马匹飞奔时蹄子是否都在高空，手臂和腿在简单的散步中如何协调，手臂在投掷重物后如何向后伸展，等等。电影中的慢动作镜头同样具有启示性。比如，在马丁·斯科塞斯（Martin Scorscese）导演的《愤怒的公牛》（*Raging Bull*）中，罗伯特·德·尼罗（Robert De Niro）饰演的20世纪40年代"中量级拳击手"杰克·拉莫塔（Jake LaMotta），在催眠的慢动作中注视着一个少女的脚，少女的脚浸在水里，水里溅起了水花，这是他第一次感知自己对少女的渴望。在一场血腥的冠军争夺战中，拉莫塔和舒格·雷·罗宾逊（Sugar Ray Robinson）在几个缓慢移动的画面中进行亲密的眼神交流，通过肿胀的眼睛、畸形的脑袋和频闪模糊的拳头，他们在暴力中意识到了彼此的尊重。

对于达尔文来说，逐帧动画的世界揭示了人类面部表情如何追溯到我们的灵长类近亲的表情，还有自然选择的压力如何产生了人类全部的情感技能。正是依靠这个逐帧动画世界，保罗·艾克曼和华莱士·弗里森花了七年的时间开发了面部动作编码系统。

1990年，作为一名博士后，我参与了"保罗·艾克曼的人类交互实验室"的工作，进入了这样的逐帧动画世界。实验室隐藏在雾气笼罩的米黄色建筑中，这幢两层楼高的维多利亚式建筑位于加州大学旧金山分校的校园中。我的第一个任务（了解一点《塔木德经》）是掌握面部动作编码系统，这需要对视觉模糊问题进行100个小时详细而刻苦的研究。这本手册长达70页，所有可见的面部动作都被翻译成了特定的动作单元（AU）及其组合。这是教学录像带，在里面你可以看到艾克曼移动每一块面部肌肉，显露重要肌肉组合，展示面部表情的基本原理和周期图——怀疑，困惑，眉角上扬（AU2），嘴唇精巧地合拢（AU8），眉心悲伤地扬起（AU1），闷闷不乐时撇起嘴唇（AU22），下眼睑的睫毛抬起收紧（AU7），等等。

当我从旧金山的公寓走向人类交互实验室的街道时，满眼都是这个逐帧动画世界里的众生相：微笑（AU12）、皱眉（AU4）、怒视（AU5）、皱鼻子（AU9）和伸舌头（AU29）。我开始在这个熙熙攘攘、变幻莫测的世界里看到我们过去进化过程中定格的、僵化的痕迹：两个等待电车的青少年之间的调情取乐；咖啡馆里，坐在一张桌子前的一对夫妻怒火中烧的样子；躺在野餐毯上的9个月大的婴儿和她的妈妈对视的情景，妈妈凝视着宝宝，眼神里洋溢着温暖。在这些例子中，我开始看到数百万年进化的产物，这些积极情绪的痕迹将人类彼此联系在了一起。

有一次，我系好高帮球鞋的鞋带，准备在几个嘎嘎作响、锈迹斑斑的秋千旁打篮球。一位紧张的母亲在推着她8岁的女儿荡秋千。当小姑娘从妈妈的身边荡过时，她的脸凝固在了那紧皱的、上扬的眉毛里，定格在了那冷漠的、绝望的眼睛里，也僵在了那因长期焦虑而绷紧的、拉长的嘴巴里。小姑娘每一次向后摆动都会闯进我的视线，她的脸一直停留在焦虑神情，而她妈妈的脸上也隐约映射出同样的表情。在这短暂的时间里，她一生所面临的焦虑可见一斑。受到实验室内外观察到的情况的启发，我开始从尴尬情绪的零碎画面中看到人类道德感进化的起源。

窘迫感的零碎画面

我和艾克曼合作的第一个项目就是对人们受到惊吓时的面部动作进行编码，标志着我的一生发生了重大变化。惊吓是一种闪电般的快速反应，无论你在沉迷于干什么（比如看报纸、吃百吉饼、幻想温暖的沙滩、读一本小说），它都会让你的大脑短路。这就是惊吓的导向功能，即重置一个人的思想和生理，让人转而开始关注那个巨大的声响究竟来自哪里。

惊吓反应包括 7 个动作：眨眼、绷紧脸颊、皱眉头、拉直嘴唇、收紧脖子、缩肩和缩头。这些动作在 250 毫秒内模糊闪过。对这些动作进行编码是一种折磨，就像观察天空中的流星，要知道它们会不会出现，还得查明它们出现的确切时间和地点，以及它们优雅消逝的时间和地点。我为什么要花宝贵的时间来对惊吓反应进行编码呢？难道没有更重要的事情让我去做吗？

事实证明，250 毫秒惊吓反应的程度大小充分说明了一个人的性情，尤其是这个人对威胁和危险的焦虑、反应和警惕程度。伴有强烈惊吓反应的人，其程度通常以眨眼的强度来衡量，他们会经历更多的焦虑和恐惧。他们更紧张，更加神经质。他们对自己的前景更悲观。惊吓反应是判断退伍军人创伤后应激障碍程度的最佳方法。如果你担心和一个对你来说可能太神经质的人同居（这种担心很合理，因为神经质的人会让婚姻更加艰难），你可以吓唬一下他，并收集一些数据。当你的爱人正在向杯子里倒葡萄酒的时候，偷偷靠近他，"啪"的一声，扔一本书在他旁边的桌子上。如果他大声尖叫，挥舞手臂，酒杯脱手落地，那么，他几秒钟的行为就足以说明问题，这充分说明了他将如何处理日常生活中的压力和磨难。

我正在编码实验的受试者们，也就是加州大学伯克利分校的本科生们。他们各自独自坐在一间实验室内，盯着显示器。该实验要求受试者们放松，等待下一个任务。受试者们似乎陷入了胡思乱想的状态，开始思考恋母情结的真正含义是什么、街角患有精神分裂症的诗人在喊什么、炎热的气温是不是全球变暖的另一个征兆。然后，"砰"的一声，高达 120 分贝的白噪音意外响起，就像一声枪响一样刺耳。各种情感就像颜料铺子一样呈现在我们面前，我们收集到了人们各种各样的惊吓反应。受试者们无法控制地缩成一团，脸上紧绷着，有些人差点儿从椅子上摔了下来。

然后，我发现了一些意想不到的事情。在惊吓反应后的第一帧画面中，受试者们看起来很淳朴，就好像他们的身体和思想都瞬间闭合，接着又重启了惊吓的导向功能。然后，在下一帧画面中，他们的目光转向了另一边。他们脸上露出了会意的、羞愧的神色。他们看起来好像被人戳了屁股，或者有人悄悄对他们说了些下流的话。可惜，达尔文忽略了一闪而过的非语言表情。受试者们将目光转向下方，将头和身体转开，露出尴尬的、不自然的微笑。有些人的脸红了，有些人则用一两根手指触摸自己的脸颊或鼻子。

我匆忙地把六个受试者的录像带送到楼下办公室的艾克曼那里。当我们回顾这 2~3 秒的视频片段时，艾克曼先是左右摇了摇头，然后又上下点了点头，摇头点头，瞬间动作，断断续续，面带微笑。他在新几内亚高地上见过这些表情。他知道某个情感信号的轮廓，这是一个可以讲述的情绪进化故事。他转向我，眼中闪烁着光芒。这里有一个情感的信号，却被那个学科领域忽略了。

解读尴尬型脸红

我的实验第一步是让受试者们尴尬，这项任务给了实验人员足够的想象力，比恶作剧更加放纵大胆。为了在实验室里制造尴尬，实验者让大学生（受试者）在朋友面前吮吸安抚奶嘴。学生们为实验人员做泳装模特，手里还拿着写字板做笔记。大人热切地给小孩子拍照，对小孩子的评价也过于夸张了。18 个月大之前，小婴儿可以从容地接受潮水般的关注，就像脱下围嘴那样泰然自若；但 18

个月大之后，他们就会表现出尴尬了。也许最令人难堪的是，受试者必须用夸张的手势演唱老牌歌手莫里斯·艾伯特（Morris Albert）的歌曲《感觉》（*Feelings*）。稍后，他们回到实验室和其他学生一起观看一段“电影片段”，其实就是他们表演的那首令人倒胃口的歌曲《感觉》。

在我开始研究尴尬情绪之前，宾夕法尼亚大学的保罗·罗津（Paul Rozin）推荐了两种新的范式，这是我从未尝试过的。在第一个实验中，受试者将独自乘坐电梯。就在一群人在下一站进入电梯之前，我会偷偷地释放一股屁的味道，看着受试者尴尬地扭动身体，而新来的人则眉头紧锁，露出困惑的表情。在第二个实验中，我会给一名受试者一块充满黏液的手帕。然后，我在实验中安插的另一个受试者会要求前一个受试者使用这块黏糊糊的手帕。

尽管这些技巧对戏剧性倾向很有吸引力，但我对尴尬表情的研究需要在某些方面受到限制。我必须选择一项任务，让受试者的头部相对静止，这样我就可以逐帧分析他们的面部活动（头部和身体动作可以减少面部肌肉动作的可见痕迹，使之变得模糊不清）。我必须确保受试者在尴尬事件发生后不会活动他们的面部肌肉，这样我才能将伴随尴尬的动作分离出来。鉴于这些限制，我让受试者在实验者的严格指导下，按照每块肌肉的动作指令做出困难的面部表情，并全程录像。肌肉表情指令如下（如果没有围观者，你可以尝试一下）：

1. 扬起你的眉毛
2. 闭上一只眼睛
3. 噘起你的嘴唇
4. 鼓起你的腮帮子

实验人员以训练官的精确眼光，很快注意到了受试者偏离了肌肉动作指令，并做了些提醒："眉毛要扬起来""你的眼睛在颤动，请闭上一只眼睛""现在闭上你的嘴，不要把嘴唇并在一起，噘起来""记得鼓起你的腮帮子，不要伸出舌头"。通常情况下，经过 30 秒的勇敢挣扎后，受试者完成了这个表情，不过还得保持 10 秒钟。当受试者的面部肌肉颤抖并试图抑制自己的微笑时，他们会表现出一些可见的迹象，比如，偷偷地瞥一眼，想象自己的外观形象，这些都要纳入录像带并永久记录。他们看起来就像喝了啤酒的大力水手，噘嘴想让女主角奥利弗·奥伊尔（Olive Oyl）亲吻，但肯定会遭到拒绝。他们还像某个怪异笑话或荒诞戏剧中的角色。他们保持这个姿势 10 秒钟后进入休息时间。在休息后的几毫秒里，我看到了我的知识来源：尴尬的表情（见图 5-2）。

图5-2　这是一种尴尬的表情

有了这些视频，我在实验室的编码室里度过了一个夏天，陪伴我的是奶油色的墙壁以及塞满了插头、电线和录像带的抽屉。每 15 秒的行为片段需要大约半个小时来编码，我分辨出特定的肌肉动作来定义令人难堪的尴尬微笑，记录下每 20 毫秒的目光转移。当时，大多数科学家认为，尴尬之情的肌体展示是一堆混乱的行为。在实时视频中，我的受试者确实表现得相当犹豫、疑惑和紊乱。

然而，经过仔细的逐帧分析，一个不同的画面出现了，这个画面恰好与达尔文所倡导的情绪表情相吻合。该情绪表情是专注于研究特定行为过程中发现的、非自发的真实信号。例如，我们愤怒的面部表情向他人传达可能的攻击性行为，并促使其改变行动，防止代价高昂的攻击性遭遇战。在这一思想流派中，情绪表情是高度协调的、刻板的行为模式，经过数千代进化而磨炼出来，表现了对社会互动的有益影响。进化后的表情会在一瞬间逐渐明朗，通常在2~3秒之间。情绪表情如此短暂，部分原因是某些面部肌肉的活动时间有限。情绪表情短暂还因为面部表情的需求必须与具体情境相调谐，比如，逼近的捕食者，冲向危险的孩子，在众多追求者中一个潜在配偶表现出了闪烁不定的性趣迹象。情感的自发展示和非情感的展示有着不同的成长变迁史：它们的发生和消失是渐进的。相比之下，自发的表情，如礼貌的微笑、噘嘴、夸张的怒视或挑衅性的皱眉，可以在几毫秒内出现在脸上，并在脸上停留几分钟、几小时、几天，令人遗憾的是，对某些人来说会持续一生。

我绘制的尴尬表情元素图，是一个转瞬即逝但高度协调的信号，仅持续2~3秒。首先，在完成尴尬的表情后，受试者的眼睛在0.75秒内会向下扫视。然后，在接下来的0.5秒内，受试者会把头转向一边，通常是向左，之后头又垂下来，露出脖子。在头部向下和向左的动作中包含一个微笑，通常持续2秒左右。在微笑的开始和结束时，就像书夹一样，还有微笑控制的其他面部动作——吸吮嘴唇、绷嘴唇、噘嘴唇。当这个受试者的头部向下或向左时，会有一些奇怪的动作，比如，用偷偷摸摸的眼神向上瞥2~3次，频繁触摸自己的脸。这3秒钟的行为片段并不是令人困惑的某种狂乱，而是具有进化信号的时间、模式和轮廓，在开始和消失的时候也是平缓的。

露齿微笑和海鸥点头

为了理解面部表情的深层含义，比如微笑、讥笑、舌头轻弹或眉毛闪动，实验人员可以做达尔文开创的事情：借鉴其他哺乳动物的表情。通过观察其他动物，我们发现了产生我们今天所观察到的许多情绪表情的更深层的力量。我们会了解表情出现的情境，比如分享食物、与对手战斗、打架斗殴，或者保护易受袭击的后代。我们了解到情绪表情只是更复杂行为系统的冰山一角，比如进食、母乳喂养、袭击或防御。

试想一下亲吻的情形，或者用面部动作编码系统的术语来说，简单地噘嘴和努嘴（AU18 和 AU22），以及在更煽情的时刻伸出舌头（AU29）。众所周知，不同文化背景下的人接吻方式不同。在某些文化中，在公共场合接吻很罕见或者根本不存在，比如某些亚马逊部落或者索马里人。朋友之吻、政府官员之吻、孩子之吻和恋人之吻各不相同。登录接吻网站，你会发现浪漫之吻有 13 种，从吮吸下巴到安静地共同呼吸，各不相同。当然，也有个别的极端情况：一对意大利情侣连续接吻 31 小时 18 分 33 秒。1991 年，在明尼苏达州的一个文艺复兴节上，阿尔弗雷德·沃夫弗拉姆（Alfred Wolfram）在 8 个小时内亲吻了 8001 个人。

如此壮观的多样性可能会让你认为接吻是一种文化产物，就像和平标志、手机、叉子或领带一样，一些文化有而另一些文化没有，不同文化的成员在使用这些产品方面有很大的差异。事实上，某些人类学家也曾对接吻做出过这样的论断。基于洞穴壁画中没有接吻的描绘，他们认为人类大约在公元前 1500 年才发明了接吻，并从印度向西传播。罗马人广泛推广了接吻，并将其融入了许多公共仪式，如亲吻皇帝的戒指或其他神圣的东西。

这种观点忽略了我们从跨物种的接吻比较中得到的知识。我们的灵长类祖先会事先咀嚼食物，使其更易被幼仔消化，然后用类似亲吻的方式将这些软化的食物喂给幼仔。在工业化前的人类文化中，艾雷尼厄斯·艾布尔－艾伯费尔德（Irenaus Eibl-Eibesfeldt）也记录了同样的情况。父母会咀嚼食物，然后嘴对嘴地喂给他们婴幼儿。因此，食物分享就是接吻最初进化的背景。灵长类动物以合作的方式将这种有益的表现扩展到亲善行为：依靠咂吧嘴唇和噘嘴巴作为信号来提示其他动物靠近（见图 5–3）。人类之吻源于我们的近亲灵长类动物的食物分享。

图5–3 灵长类动物噘嘴的样子

那么，是什么样的进化力量导致了凝视目光转移、转头、碰脸以及尴尬的腼腆微笑呢？我从对非人类灵长类的安抚与和解过程的研究中找到了答案。弗朗斯·德·瓦尔花了数千小时研究不同的灵长类动物（如猕猴、黑猩猩和倭黑猩猩）在遭遇攻击后会做什么。在这项工作之前，毋庸置疑的假设在广泛流传的假设中得到了体现。也就是说，在遭遇攻击后，两个争斗者会尽可能地远离对方，这是一种安全的、自我保护的、适应形势的做法。

然而，德·瓦尔观察到，灵长类动物的行为模式与他观察到的完全相反。在冲突之后，它们没有离开对方，而是更有可能花时间和对方在一起。对于那些为了完成生存和繁衍的基本任务而相互依赖的物种来说，这是有意义的举措。德·瓦尔通过更仔细的观察发现了灵长类动物如何化解冲突，并重新建立合作关系。在冲突或攻击中，处于从属地位或被击败的动物会首先接近对手，并做出顺从的行为，如露出牙齿、低头和点头，以及发出投降信号的哼哼声。这些行动迅速促进了双方互相梳理毛发、身体接触和相互拥抱，使交战双方和解。在非人类灵长类动物中，这些和解过程会在几秒钟之内将威胁生命的冲突转化为深情的拥抱和互相拍背式的安抚。

当我回顾了40项跨物种（从蓝脚鲣鸟到4500磅重的海象）的安抚与和解进程的研究之后，尴尬的进化起源变得清晰起来：这是一种和解的肌体表现，在生疏隔膜和潜在攻击的背景下，把人们聚集在一起。

让我们用达尔文的方式来逐一分析这些行为。凝视目光是一种分离行为。首先，延长的目光接触暗示着你正在做的事情；其次，凝视的目光就像一盏红灯，终止了正在发生的事情。我们尴尬的受试者迅速转移目光，退出了之前的窘境。他们发出信号来结束先前的局面，原因很明显：社交失态、身份混淆（忘记某人的名字）、侵犯隐私（在浴室隔间里撞见有人）、身体失控（放个屁或摔个跤）等玷污名誉、危害社会地位的行为会导致尴尬。

那么，转头和低头的动作呢？诸如猪、兔子、鸽子、日本鹌鹑、潜水鸟和蝾螈在内的各种动物，都会用低头、转头、摇头和缩头的姿势来安抚对方。这些行为缩小了肌体的体积，隐藏了易受攻击的部位（颈部和颈静脉，人类尴尬时）。这些行动是软弱的信号。达尔文本人也对耸肩进行了类似的分析，耸肩通常表示对无知（或智力上的弱点）的承认，而且似乎与优越感泛滥的扩张姿态相反。尴尬表现的核心是软弱、谦卑和谦逊，就像其他物种的安抚行为一样。

尴尬的微笑里藏着一个简单的故事，故事里有一个微妙的转折。尴尬的微笑源于非人类灵长类的恐惧鬼脸或龇牙咧嘴。如果你去动物园观察黑猩猩或猕猴，就会看到地位低的黑猩猩或猕猴在接近地位高的同伴时会像愚人一样咧嘴笑。然而，尴尬的微笑不仅仅是一种微笑，它还伴随着一些花样，嘴里的肌肉动作会改变微笑的外观。最常见的是绷紧嘴唇，这是一种抑制的迹象。当人们在街上遇到陌生人时，经常用这种谦逊的微笑互相问候。而一个微弱的吻，就像噘嘴一样，在2~3秒的试图和解的过程中，给尴尬的微笑增添了光彩。在和解的过程中，许多灵长类动物转向了带有"性趣"的展示，比如露出臀部、接触和触摸生殖器，以及性行为。虽然人类的方式并不那么下流，但我们确实会在尴尬时表现出亲切的迹象（微妙的噘嘴），以温暖心灵，拉近彼此的距离。这就解释了为什么尴尬的展示和腼腆的微笑会在调情和求爱中得到很好的利用。

摸脸可能是尴尬中最神秘的元素。某些灵长类动物在安抚时会遮住脸。即使是柔软而毛茸茸的兔子，在安抚时也会用爪子摩擦鼻子。人类的脸部接触有很多功能。有一些抚摸脸部的动作可以起到自我抚慰的作用（反复抚摸后脑勺的头发），还有一些抚摸脸部的动作带有标志性（揉眼睛表示悲痛；矫情地轻拂头发，就跟孔雀开屏似的）。某些脸部接触就像舞台上的帷幕，结束了社交戏剧的一幕，又迎来了下一幕。有一位精神分析学家甚至认为，我们触碰脸部是为了提醒自己，我们存在于社会交流中，而我们的自我感觉正在消失于其中。

关于人类尴尬时脸部接触的起源，其线索来自于最初的惊吓反应实验中的一个受试者。在被吓了一跳之后，她抬起头，耸了耸肩，举起一只手，仿佛是为了挡开挑衅性的攻击。有一些面部接触（比如遮住眼睛）是逃避和退出情境的信号，还有一些似乎是防御姿势的残留动作。尴尬的因素之一是自我防御。

当我们转向其他物种的安抚表现时，我们看到了在几千万年的灵长类进化中社会力量的塑造作用。这种简单的表现将抑制、虚弱、谦虚、性诱惑和防御的信号在2~3秒的展示中交织在一起。展示的使命是促成和平，防止冲突和代价高昂的攻击，拉近人们的距离，重新建立合作关系。尴尬时，我们可能会感觉自己被疏远、被孤立、被曝光，但我们对这种复杂情感的体验和表达是宽恕与和解的源泉。事实证明，这种弥补也是正确的，因为尴尬的缺席就是抛弃社会契约的一种迹象。

昙花一现的道德承诺

想象一下，我们最亲密的关系安排就像是一场闪电速配约会。如果你只能问别人一个问题，那么你就要弄明白：哪些人会成为你一生的朋友、配偶和同事。你会问什么问题呢？你定期给你妈妈打电话吗？你怎么对待你的猫？你曾经为了不踩到蚂蚁而扭伤过腰吗？

这种思维实验听起来可能很荒谬，但事实上，它有着清晰的平行关系，与合作的进化起源分析有着明显的相似之处。善待他人需要付出很多代价，而且如果被曝光的话，会让行善者遭到那些不太慷慨之人的利用。考虑到合作的成本和风险，我们正在寻找微妙而不言而喻的肌体信号，以示正直、诚实、善良和值得信赖。

　　在这个充斥着奇怪的闪电约会的道德世界里，我会让受试者说出他们过去的尴尬经历，然后凝视着他们，仔细观察他们脸上的尴尬"涟漪"。为什么要把这种情绪和社会生活中看似肤浅的表面现象（陌生人之间交流的礼貌、举止和社会习俗）联系在一起呢？因为尴尬的所有元素都是个人对他人判断的尊重程度所做的短暂陈述。尴尬表情揭示了个人是多么在乎那些将我们彼此绑定在一起的规则。凝视目光、转头和低头、腼腆的微笑、偶尔的面部接触，这些也许是我们所拥有的关于个人对道德秩序的承诺的最有力的非语言线索。用社会学家欧文·戈夫曼（Erving Goffman）的话来说，这些非语言的暗示是"一种忠诚的行为……在这些行为中，一个行为者赞美并确认自己与一个接受者的关系"。

　　验证这一假设（尴尬表情是道德承诺的短暂信号）的一个方法是研究"道德模范"，看看他们是否表现出非同寻常的尴尬和谦逊。也就是说，他们是否在日常生活中养成了谦逊、顺从和尊敬的习惯。人们不禁为甘地等人的笑容中所体现出的深刻谦逊感到震惊（见图5-4），而我记录的笑容中流露出一些尴尬的成分——凝视目光、绷紧嘴唇、节制有度的微笑。

　　我选择研究情绪链上的另一个极端，也就是有暴力倾向的人。我的论点很简单：在某种程度上，尴尬的展示反映了对他人的尊重和对社会道德秩序的承诺，尴尬的相对缺失应该伴随着反社会行为的倾向，其中最极端的是暴力。在第一项验证这一假设的研究中，我把注意力集中在有暴力倾向的小男孩身上，他们在临床科学中被称为情绪外化者（他们通过盛气凌人的行为来表现出内心世界的汹

一尊佛像　　　　　　　甘地

图5-4　谦逊的笑容

涌澎湃）。这些男孩经常打架、霸凌、偷窃、焚烧东西和破坏公物。我观察了这些10岁大的孩子们，他们正在进行一项两分钟的互动智商测试，他们需要回答的问题可以在百科全书上找到答案（比如，气压计是什么？达尔文是谁？）。这个测试的设计宗旨是让所有的孩子都遭遇失败。在这项研究中，男孩们对这些不着边际的学术问题做出了情绪化的反应，比如，愤怒地瞪着眼睛，露出焦虑的神情且眉头紧锁，或者最典型的是展示我们现在常见的尴尬表情。结果与我的道德承诺假设一致，适应能力强的男孩表现出更大的尴尬，事实上这是他们对测试的主流反应。他们实际上是在关心自己的表现，也许是对教育制度的一种更深层次的尊重。相比之下，情绪外化的男孩很少或没有表现出尴尬。相反，这些男孩偶尔会爆发出愤怒的面部表情（当实验人员暂时离开试验室时，一个男孩对着摄像机竖起了中指）。这种短暂而微妙的尴尬表现强烈表明，我们会致力于社会道德秩序和更大的善举。

神经系统科学家詹姆斯·布莱尔（James Blair）通过研究"后

天性反社会型人格"，也就是大脑创伤导致的反社会倾向，对这项关于尴尬和暴力的研究进行了跟踪。其中有一个病人 J.S.，他是一名电气工程师。他在 55 岁左右的时候，有一天突然晕倒，还失去了知觉。在医院康复期间，他的暴躁脾气广为人知。他还朝着其他病人扔家具。他推着一个坐轮椅的病人四处走动，尽管那个病人惊恐地尖叫，他还是用过山车般的速度推着轮椅急转弯。他经常对女护士动手动脚。还有一次，他推着轮床，在医院的走廊里玩"人体冲浪"。

在布莱尔的研究中，J.S. 展示了他正常的学习能力、识别面孔的能力，以及辨别面孔是男是女的能力。他对鼓掌和叫他名字的声音，表现出正常的生理反应。他可以对小插图中简洁描述的对抗社会者的行为提供正常的解释，这表明他在理解他人的精神状态方面不存在那些普遍的缺陷。

事实证明，J.S. 所欠缺的是尴尬表情。在一项任务中，J.S. 必须将不同情境下的情绪归因于假想的人物。有些是幸福的人，比如某个人得了奖。有些是悲伤的人，比如主人公丢了工作。还有些是尴尬的人，比如，某人在一家咖啡馆里滑倒，倒在了几张桌子中间。J.S. 几乎完美地将快乐和悲伤的情感赋予虚构的人物，他能推理得与失的情感，但他完全没有能力把尴尬进行归因。

布莱尔还研究了 J.S. 对描绘愤怒和厌恶表情的幻灯片的反应，这些表情通常表示反对并会激发他人的尴尬。J.S. 对这些反对的迹象有何反应？他很难分辨出这些情绪展示所传达的情感。J.S. 与对照组的受试者不同，他没有表现出皮肤电反应（手指皮肤下微小腺体的汗液释放现象）。他身体的神经不能对他人的判断做出反应。

J.S. 的眶额皮层受到了损害，这是大脑额叶的一个区域，靠近眼睛的锯齿状骨脊的开口处。大脑的这个区域经常在跌倒、骑自行车或摩托车的事故中受损，因为在摔倒时大脑会发生碰撞，并被眼窝后面的骨骼肌切开。这种伤害使 J.S. 的推理过程变得圆滑，但也使他的尴尬能力遭遇了"短路"。事实上，J.S. 失去了更重要的东西：安抚、和解、宽恕和参与社会道德秩序的能力。对这一大脑区域的更深入的研究将告诉我们，在埃德沃德·迈布里奇一头撞到树上的那一天，他的大脑里发生了什么变化。

迈布里奇不谦逊的大脑

当迈布里奇受伤后恢复意识时，他感到很奇怪。他没有嗅觉和味觉。他的眼睛看东西有重影。他自己也弱弱地说过，他的"思想很混乱"。最有可能的是，那些混乱的思想集中在与他人的脱节上。突触之间他完全看不到丰富多彩的习惯网络，看不到将人与人联系在一起的微妙合作。

迈布里奇和 J.S. 一样，眶额皮层也损坏了，而这部分皮层可以被认为是道德情操的指挥控制中心。从解剖学上讲，眶额皮层从杏仁核接收信息，杏仁核是中脑的一个小型的、杏仁状的区域。杏仁核提供即时的无意识评估，判断物体是好是坏。它从扣带皮层接收信息，而扣带皮层会参与疼痛和伤害的评估。天鹅绒般温和柔软的手臂触摸会激活眶额皮层，这表明大脑的这一区域会追踪人与人之间的身体接触，而这种接触对于感恩和同情的传播以及亲密和平等主义的纽带形成至关重要。它接收来自迷走神经的信息，而迷走神经会在我们的同情体验中被激活。

值得注意的是，正如针对 J.S. 的研究所揭示的那样，眶额皮层的损伤并不会损害语言、记忆或感官处理。这些区域遭到破坏的病人，说话的流利程度会让任何语法专家都满意，且其说服力会让最挑剔的逻辑学家诚服。冷静的推理能力仍然完好无损。但眶额皮层的损伤确实会使人变得冲动，成为反复发作的精神病患者（见图5-5）。

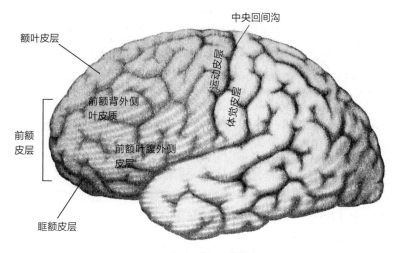

图5-5　眶额皮层的大脑侧面图

　　我们从大脑中该区域受损的患者的病例研究中了解到这一点。其中，最著名的案例是菲尼亚斯·盖奇（Phineas Gage）。他在佛蒙特州的拉特兰－伯灵顿铁路工作时，不小心被一根13磅重的夯棍打穿了自己的颅骨。照顾盖奇的医生约翰·哈洛（John Harlaw）提供了有关盖奇的为数不多的观察记录之一。在事故发生之前，大家一致认为盖奇是一个体贴、可靠、正直的人："他的症状为间歇性的情绪爆发，对人也不尊重，有时还放肆地说最粗俗的脏话（以前的他可没有这样的习惯）。现在的他很少顺从同事，对那些与自己愿望相冲突的约束和建议也不耐烦。"

　　我与詹妮弗·比尔（Jennifer Beer）和罗伯特·奈特（Robert Knight）一起对眶额皮层受损的病人进行的研究，试图证明这些如此擅长推理的病人已经失去了尴尬的表现力。他们已经失去了安抚、和解和表达对他人关心的能力。在这项研究中，我们的受试者们通过了一场名副其实的"越障训练"，其中充满了令人尴尬的陷阱和障碍。首先，我们的受试者们坦言，他们曾经好几次亲身体验了某个陌生人的几种情绪，这注定会导致不恰当的亲密关系。其次，受试者们逗趣他们刚认识的一位有魅力的女性实验人员，他们为这个实验人员编造了一个绰号和一个煽动性的故事。最后，我们向患者展示了不同面部表情的幻灯片，其中包括一种尴尬情绪，可以引发和解与宽恕。

我们的病人带着狂野的街头精神病患者的冲动快速看完了这些幻灯片。在情绪表露与宣泄的实验中，对照组的受试者谈到因忘记某人的名字或不理解笑话的笑点而感到尴尬。相比之下，眶额皮层受损的病人则会说，他们的经历通常与性有关，更适合心理治疗，而不是与陌生人互动。他们没有因为跨越了亲密关系的界限而感到尴尬。一位病人向他新认识的实验人员描述了他的尴尬经历："有人发现我和我的女朋友在一家商店的试衣间里，当时我感到很尴尬。"

当逗趣陌生人时，眶额皮层受损的病人会采取更不恰当的方式，通常显得无耻下流。他们的绰号中含有针对女性实验人员的性暗示。其中一个人开玩笑说，如果有机会的话，他和女性实验人员可能真的会做些什么。与对照组不同的是，眶额皮层受损的病人在逗趣时没有表现出尴尬的迹象，而他们的煽情行为往往相当荒诞不经。

最后，在判断他人的情绪时，眶额皮层受损的病人无法从照片中识别尴尬，尽管他们非常擅长判断其他面部表情，例如快乐、愉悦或惊讶的表情。他们就像精神病患者，事实证明他们对他人遭受痛苦的迹象反应迟钝。

尴尬的情绪提醒我们拒绝不道德的行为，防止我们犯下扰乱社会和谐的错误。它标志着我们对不道德行为的感觉，以及我们对他人判断的尊重。它激起了普通的宽恕与和解，没有这些，世界将是一个自相残杀的狗咬狗似的世界。眶额皮层受损的病人虽然理智完好无损，但已经失去了这种尴尬的表现力，也失去了含蓄的谦逊品质。

谦逊是一种品德

哲学家们求助于隐喻来描述道德情操，而这些隐喻往往集中在激发人类共同事业的自然力量上。对于英国启蒙运动的哲学家来说，像同情这样的道德情感，构成了一个无形的力场，将个体彼此联系在一起。中国哲学家老子认为，"道"或者说美德之道，是像水一样的。"上善若水。水善利万物而不争，故几于道。"而尴尬就像海浪，它把你和你周围的人抛进泥土，你们却爬起来互相拥抱，且开怀大笑。

我记录的尴尬表现的简单元素可以追溯到其他物种的安抚与和解过程，比如凝视目光、低头、尴尬的微笑、触摸脸部，这是一种合作的语言，也是不言而喻的谦逊品质。通过这些一闪而过的顺从表情，我们可以率先阻止冲突。我们在充满冲突的环境中穿行（观察人们在封闭的物理空间中、在日常对话中进行轮流谈判或分享食物时，有多频繁地表现出尴尬的表情）。我们喜欢表达感谢和赞赏。我们通过转移注意力或为了保全面子而对不幸事件进行滑稽模仿，可以迅速将尴尬的人们从暂时的窘境中解救出来。

尴尬是谦逊品质的基础。尴尬表情就是转变代表"仁率"中分母的事件——露出社交丑态、说话冒犯他人、侵犯他人，并且把它们转化为达成和解和宽恕的机会，也就是代表"仁率"分子的体验。正是因为这些即时的顺从行为展示了我们对别人的敬意。如此，我们会变得更加强大。正是在温柔和脆弱的时候，我们才会生机勃勃，充满仁义道德。用老子的话来说：

> 人之生也柔弱，
> 其死也坚强。
> 万物草木之生也柔脆，
> 其死也枯槁。
> 故坚强者死之徒，
> 柔弱者生之徒。
> 是以兵强则灭，
> 木强则折。
> 强大处下，
> 柔弱处上。

SETI 计划[注]是世界上致力于与地球以外的智能生命进行通信联络的最大项目。SETI 的一个分支把人类学家、数学家、物理学家、媒体和通信专家聚集在一起，来共同解决一个有趣的问题：我们应该将哪些符号发送到广阔无垠的宇宙中，以传达人类的利他主义能力？假设其他的智能生命形式也像我们一样在类似的碳基化学过程中出现，那么，如果给我们一次机会，我们该如何向其他智能大脑传达我们的行善能力呢？要借助太极阴阳图吗？抑或是那个圆眼睛、樱桃口、小下巴的婴儿宝宝形象？也许，相反，我们应该依靠声音，因为我们强大的能力在于用声音进行交流。比如，完美的笑声、舒缓的叹息、沉思的呜呜声，或者父母与宝宝交流时，宝宝的咕咕声和父母的柔声细语，怎么样呢？

SETI 学者们正在辩论的问题反映了本章的一个核心问题：随

[注] SETI是 "Search For Extra Terrestrial Intelligence" 的缩写，意为 "搜寻地外文明"。——译者注

着人类的原始祖先越来越多地生活和工作在一起，采集和分配植物、水果和种子，分享猎物的肉，照顾脆弱后代的需要，还要在潜在的配偶和警惕的对手之间来回穿梭，什么行为使他们能够在这种充满冲突的环境中以合作的方式生存呢？古希腊人有他们自己的答案，这个答案可以预见到本章的主题——微笑。

正如安吉斯·特鲁伯（Angus Trumble）在《微笑简史》（*A Brief History of the Smile*）中详细描述的那样，在公元前 5 世纪到公元前 3 世纪，希腊工匠开始雕刻"库罗斯"（古希腊古风时期的青年男子雕像），这是一种真人大小的雕像，在希腊大陆、小亚细亚和爱琴海的岛屿上都有发现。它是一尊气势磅礴的雕塑，挺拔的姿态，左脚向前迈步，双手轻轻握紧，一副意志坚定的样子。不过，库罗斯最吸引人的地方还是它的微笑（见图 6-1）。这种笑容既谦虚、泰然自若、充满期待，又洋溢着从容的喜悦。

库罗斯在其全盛时期担当了善良的象征符号。它通常被放置在祭祀仪式的场合，作为对神灵的供奉，来表达对上帝的敬畏，这些神灵的崇高力量掌控着希腊人在尘世生活中变幻莫测的命运。这是葬礼的一个常见部分，无疑是要服务那些能够负担得起此类纪念活动的有钱人，他们供奉逝者的肖像，作为保护逝者灵魂的神灵的代表。对于希腊人来说，库罗斯代表了人类身体里的灵魂。

从进化论的角度分析，我们会得出一个关于人类微笑的类似故事。在进化促进合作的适应性"工具箱"中，微笑或许是最有力的工具。从几百英尺外都能看到对方的笑容。科学研究发现，它会激活大脑奖赏中枢。微

图6-1　库罗斯

笑能够舒缓微笑者和感知者的应激相关生理机能。微笑抚平了我们社会生活中的棱角，创造了一种善意交流的媒介。恰到好处的微笑可以"成人之美"。这是灵长类动物在进化过程中最早的仁行之一。

在我们对微笑进行进化论分析中，两个问题的答案至关重要。第一个问题很简单，但却出人意料地引发了更多棘手的争议：微笑意味着什么？人们几乎可以在任何想象得到的情况下微笑，比如，看到心爱的人、被判入狱、享用冰淇淋、津津有味地吃着密友做的糟糕饭菜、听到某人怀孕的消息、收到可怕的医疗诊断结果、中彩票和输掉奥运会比赛。英语中有几个表示微笑的词，比如，"smile"表示眉开眼笑，"grin"表示咧嘴而笑，"smirk"表示嘻嘻傻笑，"beam"表示笑容绽放。关于微笑的词汇的贫乏掩盖了"微笑王国"的五彩缤纷。我们需要转向面部解剖学和进化论角度分析，以便更好地理解微笑的含义。

然而，在我们寻找微笑起源的过程中，还有一个更深层次的问题在起作用：人类幸福的根源是什么？如果恰到好处的微笑是幸福的代名词（这是我们的直觉和数十项科学研究的结果），那么，我们对微笑出现的社会环境的追溯，实际上就是对人类幸福起源的追溯。这一旅程将以达尔文的直觉为起点，以我们对更平等的灵长类近亲的微笑行为的研究为终点。

被孩童的笑声误导了

有时，敏锐的观察力所产生的生动画面会使我们误入歧途。查尔斯·达尔文对微笑的分析就是这样。达尔文详细记录了他的孩子们情感生活的发展过程。在描写笑声的出现时，他隐约看见了一种靠谱的定式。他的宝宝们出生大约50天的时候就会微笑了。作为科学家和尽职的父亲，他经常给宝宝挠痒痒或做类似的亲子呵护。随着小婴儿慢慢长大，比如，大约两个月后，他看到宝宝在呼气时有条不紊地发笑的基本迹象（像小羊羔咩咩叫的声音）。

达尔文从这些令人震惊的观察中得出了关于微笑的结论：微笑是笑的最初迹象。基于这个假设，他随后做出了这样的解释：他找到了微笑在人体形态学上的根源。为什么笑的时候嘴唇会向上翘起，有时还会向一边倾斜？为什么我们不用眉毛闪一下、脸颊动一下、鼻翼抽一下，或其他成千上万种潜在的面部肌肉动作来表达一种愉悦感呢？达尔文的答案涉及了两个方面。第一，这个发现符合对立面的原理：我们的微笑是精神愉悦的公开表达，因为微笑形状和向上弯曲动作的对立面是愤怒时紧闭的嘴唇、向下拉的嘴角、露出的牙齿。微笑的相反表情是愤怒，两者处于对立状态。第二，这个观察结果与达尔文的分析相一致，即面部表情是身体活动的一部分。微笑时嘴角会向上翘起，偶尔还会歪向一边，这样就形成了发笑时常见的呼气和发声。

达尔文的论点是，微笑是笑的第一阶段，就好比是蝴蝶的幼虫、橡树的橡子。这种观点中有一些令人折服的真知灼见。也许古希腊人是对的，人类的情感生活确实分为两个"片区"：一个是悲剧领域，是严重危急且改变命运的情绪链，比如，悲剧性的损失、威胁和不公所带来的愤怒、恐惧和悲伤；另一个是喜剧领域，是以笑为基础的嬉戏、轻松的情绪。也许我们所有积极的状态，比如热情、希望、感恩、爱、敬畏，都源于我们用不同的视角看待当前事物的能力，而这些都是笑的先决条件。

这个观点很简约，也很讨喜，但不正确。灵长类动物学家西格涅·普鲁绍夫特（Signe Preuschoft）曾经研究不同的灵长类动物什么时候会展示类似于微笑和欢笑的表情，以验证达尔文的微笑理论，她发现，微笑和欢笑的社会背景不同，目的也各异。微笑和欢笑起源于早期灵长类动物生命的不同时间段，随后沿着不同的进化轨迹，分别进入人类的情感系统和神经系统。

无声露齿，轻松张嘴

西格涅·普鲁绍夫特在对不同的灵长类动物，特别是几种不同的短尾猿种群的仔细观察中，详细记录了许多表达亲密与合作意图的肌体动作。其中包括绷脸和咂嘴，毫无疑问，这是我们在三岁儿童身上看到的求助心态和生闷气的前身，同时也是索吻的前兆。在灵长类动物中，最常见的寻求亲情归属的表现，也是我们理解人类微笑和笑声的关键，即"无声露齿"和"轻松张嘴"（见图6-2）。

图6-2 左边的黑猩猩表现出典型的无声露齿，这是人类微笑的前身。右边的黑猩猩，在一阵挠痒后瘫倒在地，露出了儿戏似的脸，这是人类大笑的前身。

在不同的种群之间，灵长类动物在冲突和攻击的高发环境中，比如普通猴子接近猴王时，会用无声露齿来平息情绪，表示服从、示弱和畏惧。这种无声露齿行为最常见于顺从的灵长类动物，通常伴有抑制的姿势、防御性的身体动作，例如肩部和颈部收紧或双手捂住脸部，这些动作显然具有防御的意图。令人欣慰的是，这种行为经常会化解攻击行为，触发猴王的和解举动（比如亲和型梳理毛发和拥抱）。

在人类身上，无声露齿在我们恭敬的微笑中表现得很明显。这表明微笑者体贴入微或充满敬畏地注意到了别人的焦虑（见图6-3）。这种微笑涉及两种肌肉运动：颧大肌，它把嘴角向上拉；笑肌，它把下唇拉向一侧。我第一次遇到这种顺从的微笑，是在一个关于逗趣行为的早期研究中，这个研究的受试者是兄弟会中的成员，两个地位高的和两个地位低的师兄弟互相逗趣对方。当他们使用粗俗下流的语言互相攻击时，那些地位较低的男生表现出顺从微笑的可能性要高出十倍。大家都玩得很开心，但是，地位低的男生会用这种恭敬顺从的微笑来表示自己的从属地位。

图6-3 由于下唇侧向一边的运动（通过笑肌的收缩），这种恭敬的微笑看起来不同于其他类型的微笑。为什么只有在英国人中才有这种恭敬的微笑？我曾经两度在英国生活，我的直觉是，英国人在礼貌和尊重方面的体系比美国人更复杂，因此他们的笑容也更恭敬。我们需要更严谨的科学来确定英国人是否真的比其他文化背景下的人更有可能以恭敬的方式微笑，或者说，这只是一种刻板印象，只体现在泥塑人物和王位继承人身上。

普鲁绍夫特注意到，相比之下，我们很少在灵长类动物中观察到轻松张嘴。这种放松姿势伴随着喘气和断断续续的呼吸，偶尔还会发出一阵咕哝或嚎叫般的声音，并且伴随着剧烈的身体动作。很明显，轻松张嘴是灵长类动物某种笑的前身。重要的是，普鲁绍夫特发现，这种轻松张嘴姿势所处的社会环境与无声露齿姿势完全不同：它先于并伴随着灵长类动物大放异彩的完美展现技巧——追逐，爱抚，嘶鸣，啃咬，扑上去打闹，翻筋斗，在树枝上腾跃嬉戏。

普鲁绍夫特对这两种灵长类动物的情绪表情方式的分析，让最忠实的人也很难继续接受达尔文的"微笑是笑的第一阶段"假说。"我们的玩耍能力是积极情绪中最基本的元素"，这种令人愉快的推断也不再站得住脚。相反，我们必须得出这样的结论：微笑和大笑有着截然不同的进化起源。微笑的出现是为了促进合作和亲密接触，而大笑的出现是为了促进游戏活动。它们是积极情绪的不同具象，也是生命的意义的不同方面。

表示微笑的各种词汇

大学一年级的那个暑假，我决定住在加州潘林的家里自学古典吉他。这是一个偏僻的乡村小镇，因威尔士的一个岛屿而得名。两个星期以来，我一直笨手笨脚地弹奏《经典气质》(Classical Gas)，我妈受够了。一周后，我穿上了带有麦当劳金色拱门标志的棕色涤纶制服，为那些晒得黝黑的狂欢者提供汉堡、薯条、麦乐鸡块和美味的圣代冰淇淋。他们要么在内华达山区丘陵地带的岩石河流中，要么在喧闹的滑水湖泊上，还有未成年人酗酒和放纵狂欢。每天上午 11 点 10 分，准会有一位中年男子准时来签到，他的鞋子发出一种奇怪的咔嗒声，他长着忧郁的棕色眼睛和林肯式的络腮胡子。他大步走向柜台，点了同样的菜：四个普通的汉堡包，在汉堡包的肉饼和两块小面包片上任何一碰就化的东西他一概不要，还有一杯黑咖啡。他用了整整 36 分钟吃完了午饭，在此期间，我给他续了十几杯黑咖啡。他就像西西弗斯（Sisyphus）一样，对我的悲催命运做了注解：最低工资侵蚀了我的音乐生涯，错过了夏日狂欢的机会。我的经理是一个善良、乐观的人，他看到了我深深的绝望，直接借用某本麦当劳手册中的话对我进行管理式指引：只需要微微一笑。我深感压抑，又给他的塑料杯倒了一杯咖啡，微笑着递给了他。

我可以向你保证，我的微笑绝不是人类进化产生的那种微笑。我们将很快剖析进化产生的微笑，它可以促进个人之间的良好意愿。更有可能的是，我在露出服务行业的微笑，这种微笑服务表明顾客永远是对的，销售应该永远是第一位的。社会学家阿利·霍克希尔德（Arlie Hochschild）认为，这种微笑是许多服务型工作所需的"情绪劳动"的一部分，也是从人类劳动成果中异化出来的社会现象的冰山一角。研究表明，在服务行业，当员工微笑时，例如在"7-11"柜台迎接顾客时，顾客会更满意，实际上也更有可能消费。然而，霍克希尔德认为，随着服务底线的提高，服务人员对外部世界表现出的情绪与顾客内部体验到的情绪之间出现了一种脱节，而且很棘手。这种脱节与我的同事安·克林（Ann Kring）最近对精神分裂症的研究具有相似之处。事实证明，与长期以来关于精神分裂症和平淡情感的假设相反，精神分裂症患者能感受到你我的情绪，但不能在脸上表达出来。服务行业的工作产生了一种形式的精神分裂症：服务人员可能会感到内心空虚的无聊和愁绪，或者深深的厌倦，但他们仍向外界展示了满足的微笑。

那么，我们怎样才能对某一类行为——微笑（包括我的麦当劳式微笑，以及老朋友、父母和孩子的深情微笑）——提供一个连贯的分析呢？乍一看，关于微笑的实证文献也得出了类似的矛盾结论：事实表明，人们在胜利、失败、看拼凑电影、吃甜食、面对敌人、经历痛苦、对所爱的人表达爱意时，都会微笑。保罗·艾克曼对此做出了解释，这需要把目光从嘴角转向灵魂之窗——眼睛。

鉴于"快乐肌肉"眼轮匝肌的活动，表示微笑的词汇就会迅速成为人们关注的焦点。眼轮匝肌包围着眼睛，收缩时会导致脸颊隆起，下眼睑下垂，以及可怕的鱼尾纹的出现——这是最明显的幸福迹象，而肉毒杆菌制造商正试图将其从人类的表情词汇中抹去。人们可能认为注射肉毒杆菌后自己看起来更美了，但他们的伴侣接收到的快乐、爱和忠诚的暗示却更少了。

艾克曼将这种需要颧大肌活动和眼轮匝肌活动而产生的微笑称为"杜兴式微笑"或"D型微笑"。这是为了纪念法国神经学家纪尧姆·本杰明·阿曼德·杜兴（1806—1875年），他是发现眼轮匝肌活动的可见痕迹的第一人。不涉及"快乐肌肉"，即眼轮匝肌活动的微笑，通常被称为非杜兴式微笑或非D型微笑。试着观察杜兴式微笑和非杜兴式微笑之间的细微区别，看看你能否从下面的照片中（见图6-4）分辨出哪个是杜兴式微笑、哪个是非杜兴式微笑。

数十项科学研究表明，根据眼轮匝肌的活动来分析不同类型的微笑是非常重要的。杜兴式微笑（D型微笑）在形态上与其他许多不涉及眼轮匝肌活动的微笑不同。杜兴式的微笑通常持续1~5秒，嘴角在脸部两侧呈现同等角度上扬。不涉及眼轮匝肌活动的微笑，以及可能掩盖消极状态的微笑，可能出现在脸上的时间非常短（250毫秒），也可能停留很长一段时间（比如，那些备受压力的航空公司空姐和快餐服务员保持礼貌微笑的时间）。非D型微笑在面部两侧的肌肉活动强度上更可能呈现出不对称的趋势。

图6-4　微笑测验：杜兴式微笑和非杜兴式微笑

（答案：第一位绅士，右图是杜兴式微笑；第二位绅士，左图是杜兴式微笑）

　　D 型微笑往往与大脑额叶左前部的活动有关，这一区域在积极的情绪体验中优先被激活。相反，非 D 型微笑与大脑右前部分的活动有关，这一区域关系到消极情绪的激活。比如，一个十个月大的婴儿，当亲生母亲靠近时，婴儿的脸上会闪现出 D 型微笑；当陌生人靠近时，这个婴儿会以警戒的非 D 型微笑来迎接。

　　重要的是，几项研究发现，杜兴式微笑和非杜兴式微笑都是持续短暂的 2~3 秒，不同之处仅在于眼轮匝肌的激活，而映射出完全不同的情感体验。例如，在与我的朋友乔治·博南诺（George Bonnano，创伤研究的先驱）的长期合作中，我们采访了那些配偶去世已过半年的中年人。这些受试者平均需要用 6 分钟描述他们与已故配偶的关系。然后，我花了一个夏天的时间研究这些故事的录像带，并编码归类为杜兴式微笑和非杜兴式微笑。然后，我们把失去亲人的受试者的 D 型微笑和非 D 型微笑与他们在访谈中感受到的愉悦、愤怒、痛苦和害怕的程度联系起来，并在受试者谈论完他们已故配偶之后立即收集了这些数据。

表 6-1 所示的是受试者展示这些简短的 D 型微笑和非 D 型微笑的次数与他们稍后的情绪自述之间的相关性。如果相关性数值为正表明，在 6 分钟的面谈中，他们表现出的特定微笑越多，随后他们感受到的特定情绪就越多。如果相关性数值为负则揭示了相反的情况，受试者的 D 型微笑和非 D 型微笑越多，他们感受到的情绪就越少。这里的星号（*）表示所观察到的相关性在统计学上具有显著性，并且不太可能事发偶然。

表 6-1　D 型微笑与非 D 型微笑

情绪	D 型微笑	非 D 型微笑
愉悦	0.35*	-0.25*
愤怒	-0.28*	0.09
痛苦	-0.49*	-0.16
害怕	-0.31*	0.04

这些数据令人印象深刻的是，非常简短的杜兴式微笑，包括眼轮匝肌的活动，在谈话中增加了愉悦感，并减少了愤怒、痛苦和恐惧的感觉。非杜兴式微笑与相反的体验有关，并减少了愉悦感，但没有任何负面情绪。

杜兴式微笑和非杜兴式微笑的区别是不同的微笑分类学的第一大区别。第一种微笑涉及眼轮匝肌，伴随着高昂的情绪和善意。正如我们将要看到的，当其他动作加入到杜兴式微笑队伍中时，人们便可以传达不同的积极状态，比如，爱、敬畏和欲望。第二种微笑反映了人们试图掩盖一些潜在的消极状态。在《情绪的解析》（*Emotions Revealed*）一书中，艾克曼将非杜兴式微笑解构为一系列令人眼花缭乱的微笑，包括痛苦的微笑、可怕的微笑、轻蔑的微笑和顺从的微笑。

25 年前的夏天，当我给那位沉稳的顾客端上 4 个汉堡和黑咖啡时，我绝对确信，你绝对不会在我已近青春期的脸上看到任何眼轮匝肌活动的迹象。我本可以成为艾克曼的一个简单案例，揭示我试图用三心二意的"麦当劳式微笑"来隐藏的消极状态（绝望、沮丧、蔑视）。终于下班了，我和朋友们一起从岩石上跳进阿尔卑斯河，我相信我的脸上一定会洋溢着杜兴式微笑。受艾克曼分析启发的研究表明，这些杜兴式微笑是社交生活的黏合剂，也是友情的发源地。让我怀念那些无忧无虑的快乐时光。

图 6-5 所示的画作展示了各种各样的微笑和欢笑。

微笑就像社交巧克力

在 20 世纪 80 年代，发展心理学家爱德华·特罗尼克（Ed Tronick）、杰夫·科恩（Jeff Cohn）和蒂芙尼·菲尔德（Tiffany Field）开始对产后抑郁症对母子互动的影响产生了研究兴趣。他们的研究以及其他研究者的研究，揭示了产后抑郁会抑制母亲的积极情绪——她不那么喜欢微笑了，她的声调和语调不那么温暖了，她积极的情绪技能也不那么依赖于她孩子的行动了。产后抑郁母亲的孩子的行为往往与母亲互为表里，他们会更激动、更痛苦、更焦虑。

研究结果是非常直观的。任何家长或朋友，只要曾经接近过这种现象，或在抑郁型母亲的客厅里待过，而后者的积极情绪受到抑制，与她孩子的积极情绪相脱节，那么，前者就会毫不迟疑地认为，微笑、咕咕声、抚摸、做鬼脸，以及感兴趣和欢欣鼓舞的眉毛

图6-5 在我看来，荷兰画家扬·斯蒂恩（Jan Steen，1626—1679）是描绘人类微笑和欢笑的最伟大的画家。在纽约大都会艺术博物馆展出的这幅名为《露台上的欢乐聚会》（*Merry Company on a Terrace*，1673—1675）的画作中，你可以看到各种各样的微笑和欢笑。前面的少女以他的第二任妻子（他的第一任妻子不幸早逝）为原型，她露出了腼腆的微笑，将头转开，但有目光接触。左上角的小丑（他滑稽的帽子上别着香肠）也在微笑，舌头好色地伸了出来，仔细观察就会发现旁边女人的嘴唇微微收拢，这是她掩饰爱慕之情的迹象。琵琶手的浅笑似乎包含了一种向上凝视和扬起眉毛的微妙姿态，我们发现这是狂喜状态的信号。在这幅画的最左边，一位戴着白帽子的绅士（斯蒂恩的自画像）的笑揭示了种种幸福感，我们将在下一章讲到这些内容。

闪动等基本交流，对于亲子关系来说是多么重要。然而，从科学的角度来看，如果母亲积极情绪表达匮乏，会给孩子带来严重的焦虑不安。也许烦躁不安、吹毛求疵的婴儿会使得母亲减弱积极情绪和产生抑郁情绪。也许母子俩都有某种基因倾向，导致亲子关系缺乏微笑、轻哼、抚摸和玩耍的互动。也许母子俩共同的情感状况是更深层次的原因的产物，比如，工资过低、贫穷、被疏远或遭受丈夫家暴，等等。

因此，为了研究微笑和无声的积极情绪在亲子互动中的作用，特罗尼克、科恩和菲尔德开发了所谓的"静止脸实验"。这种实验技巧极其简单，却非常强大。接受实验的妈妈们必须出现在自己9个月大的宝宝面前，但不能有任何面部表情，也不能有年轻妈妈中最常见的微笑表情。当年幼的宝宝们在实验室环境中四处走动，接近玩具机器人、毛绒大象和能够发出动物叫声的色彩鲜艳的物体时，他们会看着妈妈的脸，寻找有关环境的信号。宝宝需要通过妈妈的面部肌肉运动来寻求信息，了解哪些是安全的、有趣的、值得探索的东西，而妈妈们坐在那里，内心激动，但却面无表情，毫无反应。

实验结果令人震惊不已。在微笑贫瘠的环境中，小女婴不再探索环境，不再接近新奇的玩具或游乐装置，她的想象力被封闭了。孩子们很快就变得焦躁不安、痛苦不堪，常常是发狂似的，弓起背，大声哭喊。孩子们通常会爬到妈妈身边，试图用一个声音、一次触碰或一个鼓励的微笑来刺激妈妈，把妈妈从麻木不仁的状态中唤醒。当孩子们开始屈从于妈妈的无表情状态时，他们就会从妈妈身边离开，并拒绝眼神交流，最终陷入无精打采和麻木状态。

成年人也是如此，尽管程度要小得多。研究表明，神情忧伤者的朋友发现，他们之间的互动经常得不到回应，有时甚至难以维持。在与面部或声音没有表现出积极情绪的人交谈时，受试者的社交行为反应（比如玩耍式的笑、微笑、点头、相互凝视等）较差，而且觉得这种交谈毫无价值。

微笑（准确地说是 D 型微笑）就像社交巧克力，它点缀着我们日常的互动——父母和孩子之间的互动，陌生人之间的调情，朋友分享对某个熟人的冷嘲热讽而让我们无语的时候。巧克力等着人们去享用，孩子们和许多成年人会做任何有激情的事情——采摘蔬菜、清理仓鼠笼子、听冗长的成人故事、完成一项令人讨厌的工作。微笑也是一样，微笑是幼儿行动的第一动机，也是父母们急切追求的一种激励。当 1 岁大的婴儿坐在"视崖"的边缘（当然"悬崖"上有一块玻璃盖板），婴儿的妈妈在另一边，这时，婴儿会立刻向妈妈寻求关于现场环境的信息，因为这块玻璃盖板看起来危险但似乎是可以通行的。如果妈妈表现出恐惧，那么没有一个孩子会爬过去。我在伯克利的同事乔·坎珀斯（Joe Campos）发现，如果妈妈微笑，大约 80% 的婴儿会急切地越过"视崖"，冒着潜在的风险，因为他们从妈妈的微笑中感受到了温暖和安心。

从微笑者的角度来看，我们从巴尔布·弗雷德里克森（Barbara Fredrickson）和罗伯特·利文森（Robert Levenson）的出色研究中知道，当人们在经历压力时会发出 D 型微笑，此刻，他们的心血管唤醒水平会迅速移动到一个更平稳的基线上。我的直觉是，正如达尔文所观察到的那样，带着 D 型微笑的人会大力呼气，这可以平息与压力有关的生理反应。我们也已经看到，在 D 型微笑的过程中，微笑者的前额叶左侧部分（大脑中处理奖励信息和实现目标导向行为的区域）被激活了。

也许更戏剧性的是，微笑对感知微笑者也会产生影响。乌尔夫·丁伯格（Ulf Dimberg）和阿恩·奥曼（Arne Öhman）分别在挪威和瑞典的实验室完成了这一主题的决定性工作。这些研究人员已经开发了多项技术，以令人难以置信的速度将面部表情图像呈现给感知者，而且是在感知者的意识之外。最典型的是，在所谓的反向掩蔽范式中，他们在极其短暂的时间（比如 100 毫秒）内展示面部表情的幻灯片（例如愤怒或微笑的面部表情）。在微笑的图像之后立即出现另一个图像（比如一张平静的面孔或一把椅子），这抹去了受试者有意识地表现微笑的能力。在反向掩蔽范式中，受试者无法确切地告诉你他们刚刚看到的第一个图像是什么；而且，微笑（或对照组的面部表情）只是在潜意识层面上被感知到。然而，那些以这种方式看待微笑的人更有可能喜欢微笑，且表现出更大的满足感和幸福感，此外，在一些研究中，他们表现出更平稳的心血管生理机能。他们不知道自己刚刚看到了什么，但是微笑提高了他们的幸福感。

微笑理论还可以深挖。理查德·德普（Richard Depue）和珍妮·莫罗内 – 斯特鲁宾斯基（Jeannine Morrone-Strupinsky）认为，感知他人的微笑（很可能是杜兴式微笑），会触发神经递质多巴胺的释放，促进友好的接近和紧密的联系。例如，异性恋男性看到漂亮女性的微笑时，多巴胺就会被激活。微笑能让人们彼此迅速接触，在相互微笑产生的更亲密的空间里，开启一系列更加贴近肌体的行为（触摸和抚慰的声音），用以舒缓和镇定，并激发我们头脑中的阿片类物质，带来温暖、平静和亲密的强大感觉。

当你看到一个爸爸和一个蹒跚学步的孩子笑着荡秋千时，当你看到两个成年人在一个房间的角落里调情嬉笑时，当你看到两个朋友为他们最近在工作或恋爱方面的努力而开怀大笑时，当你看到两个陌生人对于谁先进门、谁在自助餐上吃最后一个蛋卷而互相礼让时，你就会情不自禁地为这种简单的社交乐趣所震撼，因为这些都是 D 型微笑。在一两秒钟的时间里，他们默默地交换了两个友好的微笑，这一微小但普遍的礼仪元素得到了尊重，日子就这样继续下去。然而，在这些个体的体内，多巴胺和阿片类物质的分泌是相互协调的。与压力相关的心血管反应减少了。信任感和社会幸福感上升了。微笑宛如我们社交生活的甜点。它演变成合作型的霓虹灯信号，嵌入到个人之间的社会交流中，从而产生亲密关系和紧密联系。恰到好处的微笑是提升仁率的一个常见因素，也是通往幸福生活的一扇大门。我对 1960 年一所小型女子学院毕业的女生的毕业纪念册照片进行了一项不同寻常的研究，以验证这一假设。这些女生即将步入一个错综复杂的世界。

生命中稍纵即逝的瞬间

拉文娜·赫尔森（Ravenna Helson）是研究女性生活的先驱。20 世纪 50 年代，在她科学生涯的早期阶段，她对几乎被心理学完全忽视的女性知识创新很感兴趣，并采访了数学和物理学领域的早期女性先驱。然后，她将自己的科研想象力转向身份是如何发展出来的。几乎所有关于身份和生命历程的跟踪研究都是针对男性进行的，而另一半物种（女性）的人生发展过程是一个谜。1959年，在贝蒂·弗里丹（Betty Friedan）的《女性的奥秘》（*Feminine Mystique*）出版的前几年，拉文娜发起了一项针对女性生活的长期的跟踪研究，即米尔斯学院跟踪研究。这项研究追踪了大约 110 名在 1959—1960 年从米尔斯学院毕业的女性的生活，长达 50 年，一直持续到今天。它让我们初步发现了女性身份在人生发展过程中是如何转变的，以及如何保持不变的。

1999 年，拉文娜来到我的办公室，给了我一个慷慨的提议。她用她那略带得克萨斯口音，慢吞吞却彬彬有礼的口吻说，她收集了大学毕业纪念册上的女性照片。她想知道，我是否有兴趣和她的一个学生莉安娜·哈克（LeeAnne Harker）一起探究米尔斯学院的受试者们在大学毕业时拍下的微笑是否会暗示她们未来 30 年的生活。由于我的科学思维比较循规蹈矩，我倾向于礼貌地拒绝。表情行为在瞬间聚集，按下快门只需几毫秒，在这样的人为背景下，让一个陌生人拍摄你的毕业纪念册照片，即使这可以预测生命个体某些有意义的东西，但违反了研究个体生命的最神圣的严谨治学精神。在对个体的研究中，典型的做法是对一个人的行为进行多次取样，并在丰富而具有启发性的一系列环境中进行研究。一个更有代表性的观察样本，需要保证能更可靠地推断出"谁是谁"的结论。如果你想知道该和谁结婚，该和哪个朋友一起旅行，最好的办法就是看看他们在这些时刻下的所作所为——因一夜没睡而脾气暴躁时，处理冲突的压力时，经历痛苦时，在母亲和前任身边时，事情进展顺利时，而不仅仅是在鸡尾酒会上妙语连珠时。至少可以说，把毕业纪念册上的一张照片作为一个人的身份的潜在衡量标准，这种做法是有问题的。

同样有问题的是，从静态照片中辨别肌肉运动的概念。所有关于面部表情的研究都依赖于视频或运动图像，在不断变化的面部表情从开始到消失的整个过程中，不同肌肉运动的效果是显而易见的。例如，在识别 D 型微笑时，你需要看到鱼尾纹、鼓起的腮帮子、眼袋下垂，当你能看到这些动作在视频中从出现到消失的整个过程时，才能得出最终的判断。

我和莉安娜·哈克毫不畏惧，花了一周时间，煞费苦心地整理和编码了 110 位女性的毕业纪念册照片，仔细地寻找颧骨肌和快乐肌（眼轮匝肌）活动的证据。该编码捕捉到了女性微笑的温暖程度，分值在 0~10 分之间，见图 6-6。

图6-6　这是我们编码的两张照片。左边的米尔斯校友在我们的评分中得了7分，其中颧骨肌运动得了3分，眼轮匝肌运动得了4分。右边的女性得了4分，颧骨主要肌肉活动得了3分，眼轮匝肌轻微活动得了1分。

随后，我和莉安娜用这种方法来测量微笑的温暖程度，并将其与拉文娜从这些米尔斯校友那里收集到的宝贵数据联系起来。当时，这些女校友经常从很远的地方飞过来，回到伯克利实验室，在她们27岁、42岁和52岁时各来一次。测量内容包括她们的日常压力、个性、婚姻健康状况以及步入中年后的价值感和幸福感。

我们发现，温暖微笑的好处与我们对微笑的分析结果相吻合，还促使该项研究的读者在自家壁橱里翻找自己的毕业纪念册照片。温暖的 D 型微笑提升了仁率和人生的意义。

那些在 20 岁时表现出更温暖、更强烈的 D 型微笑的女校友，在往后的 30 年里，每天的焦虑、恐惧、悲伤、痛苦和绝望都较少。微笑可以缓解焦虑和痛苦，很可能是因为微笑对压力引起的心血管反应有影响。强烈的 D 型微笑者也报告说，自己感觉与周围的人联系更多；这种微笑有助于增进与他人的信任和亲密。

温暖的女性微笑也预示着，这些女性在实现目标的感觉上呈现出崛起的态势。在接下来的 30 年里，拥有温暖微笑的女性变得更有条理、更专注、更有成就取向。忘记别人告诉你的那些关于创造力和成就源于绝望和焦虑的故事吧。生活并非如此不堪！还有数十项科学研究发现，那些被引导去体验短暂的积极情绪的人更富创造力，更豪爽自信，更有原创性，更善于综合，思维也更放松。米尔斯学院女生在微笑时表现出的温暖反映了积极情绪在她们一生中的好处。

我们关于米尔斯女校友人际关系的研究结果可能更令人震惊。这些女士被带到加州大学伯克利分校，与其他人一起度过一天，还有一群科学家将撰写关于他们对这些女性印象的陈述。在这种情况下，拥有温暖微笑的女性给科学家们留下的印象要好得多，这表明微笑能带来更多积极的社交活动。

而在婚姻方面，那些露出温暖微笑的女性更有可能在 27 岁之前结婚，更不可能在中年保持单身，而且更有可能在 30 年后拥有令人满意的婚姻。关于蔑视、无休止的吹毛求疵和批评等负面情绪对婚姻的有害影响，人们已经做了很多研究。如果夫妻双方频繁表现出四种行为（蔑视、批评、防御和拖延），约翰·戈特曼（John Gottman）和罗伯特·利文森就能以 92% 的准确率预测他们会离婚。这些负面情绪就像毒药，那婚姻幸福是什么样的呢？在这里，戈特曼和他的同事们开始证明，诸如尊重、善良和幽默之类的东西，可以帮助已婚夫妇更有效地处理夫妻关系中的冲突，这很可能就是我们研究中的故事：笑容温暖的女性拥有更健康的婚姻。

最后，要指出的是，20 岁时拥有温暖笑容的女性在 52 岁时的生活更充实。在青年和中年时期，倾向于表达积极情绪的女性在心理和生理上体验的困难较少，对生活的满意度较高。

关于这项研究，你现在可能在思考一些事情。最重要的是，你在毕业纪念册上的照片是什么样子的？在一张毕业纪念册照片上，我戴着天鹅绒的蝴蝶结领结，穿着丝绸的迪斯科衬衫，带着有点不自然的微笑。更重要的是，你一定要在车库里翻找装满家庭纪念品的纸箱，找出你的伴侣长什么样的旧照片，因为这对你当前的幸福程度很有预测价值。

那么，下面的另一个论点（直接说"是"的论点）呢？我们在这种结果模式中观察到的只是女性对一切都说"是"，不管她们是否真的赞同自己所说的话或者是否快乐都无妨。也许我们中的某些女性会为了取悦他人而微笑，说觉得自己与他人有联系，说自己完成了毕生的工作，说自己的婚姻很幸福，但实际上她们的生活是焦虑、自欺欺人和绝望交织的。这种倾向一定程度上会让她们向别人说社会上喜欢听的话。而且事实上，当我们对女性的这种倾向进行统计时，所有的结果仍然站得住脚。温暖的微笑具有积极的好处，而不仅仅是表面上假惺惺地附和他人。

好吧，那么，美貌呢？研究表明，身体的魅力对个人有很多好处，从结交朋友到职场加薪，都是益处颇多。也许是美丽的米尔斯大学女毕业生有着温暖的微笑，因此，也许是美貌（而不是 D 型微笑中捕捉到的温暖）促成了我们所观察到的结果。也许在这项研究中，温暖微笑的长期益处只是简单地归结为外表美丽。事实证明，根据照片判断美是非常容易的事儿。在我们的研究中，我们让一组本科生给 110 位米尔斯校友的美貌打分。更漂亮的米尔斯大学毕业生确实感觉与他人的联系更紧密、更少焦虑、更幸福。重要的是，当我们撇开受试者的漂亮程度，女性微笑的温暖程度仍然预示着焦虑减少、对他人的温暖程度增加、能力增强、婚姻更健康、个人幸福感增加。温暖和善良不同于外表之美。

微笑和幸福的根源

有时最简单的问题才最难以回答。我的一位毕业生顾问曾经在

117

路上拦住了我，问了我这样一个问题："既然你正在研究情感，请回答这个问题，为什么性高潮感觉很棒呢？"我咕哝了几句阿片类物质、多巴胺和催产素之类的东西，然后羞红了脸，陷入了一种笨拙又困惑的窘态。他在问幸福和快乐的起源问题，它们从哪里来，它们的基本元素是什么，而我的回答有点儿跑题了。大脑和身体中的电化学信号不能提供关于体验本质的令人满意的答案，比如，快乐和幸福的根源可能是什么。究竟是什么样的深刻的进化环境导致微笑在我们社会生活中的核心地位？幸福到底从哪里来？

达尔文的天才之处在于，他煞费苦心地描述了我们今天所看到的行为模式——亲善、顺从、欢笑和微笑——并将这些短暂却精确、高效、天性的行为追溯到进化过程中的根源，以及萌生这些行为模式的生存和繁衍环境。这种进化分析表明，最早期的灵长类动物的微笑是地位较低的个体在接近猴王时的顺从表演，以及害怕被击中要害，或被多毛胳膊狠狠地反拍。如果这就是我们对微笑起源的研究终点，我们将只能得出以下结论：微笑源于试图阻截威胁，微笑源于对被摧毁的恐惧，微笑基于弱者可以诉诸顺从的最强大策略。含蓄地说，幸福只是我们试图驾驭生存威胁的副产品。

我们把这一论点称为"伍迪·艾伦（Woody Allen）假说"，这要归功于他对苦难、幸福和爱的交织关系的定性描述。这是他的精彩电影的核心，下面引用了他的名言：

> 去爱就是去受罪，为了避免受罪，就别爱。但是，又会因为没爱而受罪。所以，去爱是受罪，不去爱也受罪，受罪就是受罪。想要幸福就去爱，之后却会变成受罪，受罪又会让人不幸福。因此，想要幸福，必须去爱或爱上受罪，或者因为太幸福而受罪。

当然，伍迪·艾伦在他的喜剧中把这个论点发挥到了令人捧腹的效果。我会和他最热情的粉丝一起排队，在他最新的喜剧上映的第一晚去看，以便嘲笑人类幸福和爱的荒谬，以及神经质的劫难。伍迪·艾伦假说似乎只是他喜剧想象力的来源，但实际上，这个假说（焦虑和恐惧是人类幸福的核心）是西方关于幸福的基本成分、基本分子假设。这种观点认为，积极情绪体验的核心是威胁和焦虑；我们的积极情绪是在绝望、恐惧和愤怒等消极情绪的基础上叠加而成的，也是它们的解药。

例如，在 20 世纪 60 年代早期帮助建立情感科学研究的西尔万·汤姆金斯（Sylvan Tomkins）认为，微笑和欢笑中明显的积极情绪会随着消极状态的停止而出现，比如愤怒和恐惧。举个例子，笑声和我们的愉悦感源于愤怒的终止。有人激怒你，你的心率加快，肌肉紧张，你准备出拳，然后，就在一瞬间，这一切戛然而止，此时此刻，你的心里弥漫着轻松和愉悦的感觉，这就是愤怒的反转。

我们可以把这种推理推回更早的时代，追溯到更早的老一辈知识分子。对于弗洛伊德来说，许多愉快的经历，想象力的飞跃——虚构和杜撰的创作行为，令人不安的深邃梦境，令人振奋且激发换位思考的笑话以及许多利他主义的行为，事实上都是我们战胜不合时宜的性冲动或不可接受的攻击破坏性倾向的心理机制。你可以写一部振奋人心的小说，或者把剩饭剩菜施舍给乞丐，驱使这些行为的动机就是要缓解神经质焦虑。

我们可以原谅弗洛伊德的这些观念，因为维多利亚时代的文化包围着他，是他理论的沃土。我们可以在最近的科学研究中找到伍迪·艾伦的论点。恐惧管理理论是社会心理学中有着广泛影响力的理论之一，它认为许多高尚的行为、知识创新、哲学和精神传统、参与古老的文化形式，如集体庆祝活动或我们对艺术和政治团体的热爱，源于对我们不可避免的死亡的焦虑，因为这些行为使我们相信肉体死亡后精神还存续。在亲子依恋关系的研究中，我们假设驱动父母与子女、朋友之间依恋过程的基本情感就是焦虑。正是由于害怕被遗弃而面临孤独的危险，才促使婴儿微笑、咕咕叫、吱吱叫和咯咯笑，这会让父母靠近自己，从而激发浪漫伴侣般的亲密接触、独特昵称和温柔声音。

伍迪·艾伦假说有很深的根源，它起源于犹太教和基督教共有的原罪说。在这个框架下，人性是邪恶的、罪恶的、腐朽的。真正的幸福不在于现在的生活，而在摆脱肉体腐朽的过程中才会出现。当我们放弃当下的那一刻，当我们摆脱尘世的欲望时，幸福就会发生。更符合心理科学的说法是：我们只有在欲望、焦虑或愤怒等消极状态得到平息时才会发现幸福。

为了精确理解微笑这种最普遍的面部展示，我们进行了时间上的追溯。之后，我们对幸福的根源有了截然不同的观点。我们还有一个问题要回答：第一种灵长类动物的微笑——无声露齿，伴随着顺从表情，是如何进化成杜兴式微笑，即我们的快乐表情的？我们回到西格涅·普鲁绍夫特的微妙观察，这有助于阐明微笑是如何摆脱焦虑和戒备，成为今天的杜兴式微笑。

具体来说，普鲁绍夫特发现，在等级森严的猕猴中，比如恒河猕猴，它们很少会表现出无声露齿和轻松张嘴。无声露齿的表情（人类微笑的前身）只是作为一种安抚的展示。在这些有地位意识的猴子中，微笑会伴随着焦虑和戒备心理。

然而，也有倾向于主张平等主义的猕猴种类，如汤基猕猴。在这些猕猴中，等级制度更加平坦，权力分配更加均衡。这种社会状况更接近于我们在原始人类祖先和当代狩猎－采集者身上观察到的等级制度，权力差异减少，平等更加明显。在更平等的灵长类动物中，食物分享无处不在，较低地位的成员之间的联盟很常见，社交生活更多的是一种谈判，而不是提倡武力解决问题。普鲁绍夫特发现，等级平坦的猕猴将无声露齿表情用于许多新用途：慰藉、归顺、和解、安抚。这是一个常规的进化论原理，适应性（比如无声露齿）被用于更广泛的环境中，以适应不断变化的选择压力。随着灵长类动物平均主义的兴起，这种无声露齿的行为不再是一对一的恐惧和顺从，而是延伸到了促进合作和联系的新的社会环境中。这种表现成了友好意愿的标志，也是行为过程的触发点，该过程允许近距离接触和合作，比如，梳理毛发、拥抱、握手等。在更平等的灵长类动物中，无声露齿的表情升华成为归顺的心愿和愉快的交流。

人类幸福的肢体语言是 D 型微笑。D 型微笑并非起源于我们今天所认为的通往幸福的快车道，并非起源于克鲁马努人品尝鲜肉或成熟浆果时的感官愉悦体验，也并非起源于人类原始祖先享有社会地位上升时的快乐。第一个 D 型微笑并非起源于个人享受重要资源积累的环境。事实上，克里斯托弗·博姆（Christopher Boehm）概述了数百个关于狩猎－采集社会等级制度的研究，发现他们通过谦虚和慷慨的情感传递而系统性地淡化了任何突如其来的暴富。

在我们灵长类动物的进化过程中，D 型微笑是表达友好意愿和亲善好感的第一个词汇，尤其是在地位相近的个体之间。高仁率和人类幸福的根源就在于个体之间为了合作和亲密的目的而彼此靠近的那些时刻。我们的超级社会性需要这一点，同时也需要一个传达合作意向的全方位信号，一个高度可见的明确信号，一个能够有效而快速地化解冲突、传播合作关系的信号，并且必须比陌生人挥舞手臂发出第一拳还要快。如何采用最有力的方式传达我们仁的能力呢？进化论给出的回答类似古希腊人的回答：微笑。

第七章

欢笑

在 1982 年上映的影片《火之战》(*Quest for Fire*) 中，三个倒霉的尼安德特男人离开他们居住在沼泽地的部落去寻找火源。火对于部落来说至关重要，也是这个等级森严的组织的生存必备品。在寻找火种的过程中，他们从剑齿虎那里逃了出来，又遇到了高大的长毛猛犸象，并吓退了一小群大腹便便的红毛尼安德特人的潜在攻击。在最后一次冒险中，他们拯救了一个不同种族的早期人类。她是一种进化更好的女性"能人"，骨骼结构和面部形态更好，不再是全身覆盖着毛发，身体上还涂着该部落特有的图案颜料。

这个女性"能人"带领着三个男性"能人"踏上了类似于法国影片《朱尔和吉姆》(*Jules et Jim*) 剧情[一]的原始羊肠小道之旅，来到了她的村庄。在这次冒险中，尼安德特人和能人之间的一些区别变得清晰起来。能人发明了一种特殊的工具：一块有孔的小木板和

[一] 一对好朋友德国人朱尔和法国人吉姆同时爱上女主角凯瑟琳的三角恋故事。
　　——译者注

一根可以转动的圆棍，可以在需要的时候生火。这是一种根本性革新，令笨头笨脑的尼安德特人都赞叹不已。能人的发声方式比尼安德特人的咕哝、呻吟和咆哮更为复杂。能人还会用简陋的颜料来美化自己。他们住在结构复杂的窝棚里，里面的布局非常像胡同。贾雷德·戴蒙德（Jared Diamond）认为，他们培育的动植物对人类文化进化的转变至关重要。此外，他们更喜欢面对面的性爱。他们还喜欢大笑。

在其中一个场景中，三个尼安德特人和他们的新娘子斜倚在一棵阴凉的树下，在斑驳的光线下梳理毛发，扫视周围环境，在空气中抓虫子吃。突然间，一块石头从一个尼安德特男人突出的前额上弹了下来，他挠了挠自己的头，粗略地环顾了一下四周，然后又恢复了一种无意识的状态。雌性能人见证了这种最简单的幽默形式（我年轻时有很长一段时间喜欢用无害的东西弹我哥哥的头，如橡子、橄榄枝、古德普兰提牌子的糖果，然后爆笑，以此为乐）。这三个尼安德特人不知道从她嘴里发出的奇怪声音是怎么回事。

微笑代表了原始人类进化的重要转变，这一论点并不牵强附会。这是进化论者马修·热维斯（Matthew Gervais）和大卫·斯隆·威尔逊（David Sloan Wilson）曾提出的观点。欢笑在进化中的作用，相当于制造工具、种植植物、对握拇指、自我画像、模仿事物、驯化动物、直立行走与符号语言在人类进化过程中所扮演的角色。哺乳动物和爬行动物笑声的区别在于它们拥有玩耍和用声音交流的能力。你最后一次听到家里的壁虎为了吃一点鲑鱼而嗷嗷叫或为了耳朵后面的抓伤而呜呜叫是什么时候？

更引人注目的是，人类的笑声与我们灵长类近亲（如大猩猩、黑猩猩和倭黑猩猩）的笑声有何不同呢？从最基本的意义上说，类人猿的笑声与我们人类的笑声相似。它们轻松张嘴的表情和喘息的声音我们都很熟悉。就像我们一样，它们在被挠痒痒和打闹玩耍时，会在类似的环境中发出这些笑声信号。和人类一样，黑猩猩和类人猿在青春期和进食前最有可能张大嘴巴做鬼脸，而在这个阶段玩耍可以化解冲突。然而，与人类相比，黑猩猩和类人猿的笑声与吸气和呼气模式的联系更紧密。因此，它以短暂、重复、一口气的喘息模式发出，并且在声学上的变化不大。

相比之下，人类笑声的多样性和复杂性令人惊叹。笑是一种自成一体的语言，它包括嘲讽的笑、轻浮的笑、吟唱的笑、尴尬的呻吟、刺耳的笑、紧张的笑、无声的笑、欢快的笑、显示力量的似笑非笑。自嘲的笑表达生命如此短促和荒谬，我们真是太把自己当回事了。此外，轻蔑的笑是特权和阶级的标志。还有的笑声无异于咕哝或咆哮。正是因为这种异质性，笑才无法做到像理论公式一样简单准确。正是对这种异质性的分析，我们才能最终找到人类会笑的答案。

关于笑的真相

在 T.C. 博伊尔的小说《落城》（*Drop City*）中，一群嬉皮士从他们在加州索诺玛县的大院（落城）搬到一个纯净自然的边远居民点（北极的阿拉斯加）。顺便说一声，嬉皮士致力于自由恋爱、自发仪式，且沉浸在大自然中。这段旅程是美国精神的一种表达，在这个充满激情和狂喜的小社群里，自由恋爱、汽车爆胎、为了谁洗碗这种事情扯皮……这些不可避免的冲突给旅程带来了海量的欢声笑语。博伊尔对笑的描述揭示了关于笑的一些见解：

> 不过他听到了斯达尔的笑声，一阵刺耳的笑声在他脑海中回响，当时他正走进夜色中寻找别的东西。

她的第一反应是大笑，音乐一般悦耳，铃铛一样响亮，她的笑声四处荡漾，这个地方就像音乐厅一样。

然后，他开始咯咯地笑了起来，低沉、轻柔、没有喘息时疲惫不堪的换气，就像一首歌曲的前两小节一样。

当他走下台阶的时候，传来一阵神经质似的笑声。当车门关上，他把车拉上档，朝着加拿大的灯火驶去时，笑声变成了狂野的、暴风雨般的、难以驯服的嘟声、嘘声和嘶鸣。

斯达尔对吉米说的话做出了笑的回应，然后，他们都笑了——包括他自己，甚至马可，都笑了，尽管他不知道自己在笑什么、为什么笑，也不知道笑是不是对这种情况的恰当反应。又是一阵笑声。戴尔·默里也加入了，和其他人一起哄然大笑。

突然他发出一声大笑，这是一声尖厉的笑，把狗从有助于消化的安静状态中警醒过来，它抬起头，斜眼看了马可一眼。

她说："挥金如土的阔少爷！"她的笑声传到河上，传到岸上，然后又反弹回来。

接着他听到梅里的一声尖叫，也许是丽迪雅的尖叫吧，还有三个人持续很久的一阵狂笑，仿佛他的存在是世界上最可笑的事情似的。

有几声窃笑，还有一两声神经质的笑。

但他们吃的是北美驯鹿肉制成的爱斯基摩人风格的冰淇淋（驯鹿脂肪与半吨糖和散落的酸浆果搅打成一团；潘尝了尝，乔·博斯基对潘说："冰淇淋，兄弟，这是冰淇淋！"乔怂恿潘继续吃下去，潘却把食物吐在了手掌里，整个房间都淹没在欢笑的火焰里，大家都笑得前仰后合，这是白人世界里最滑稽可笑的事）。

帕梅拉看了她一眼，突然大笑起来。她不得不放下杯子，因为她笑得太厉害了，眼睛眯成了小月牙，双手抵着太阳穴，好像只有这样才能把头固定在肩膀上。

或许，关于笑的一个最基本的事实就是，几乎所有的欢笑（突然的笑、狗吠似的笑、窃笑、马嘶般的笑、嘟嘟的笑、大声壮笑、尖声的笑、嘘嘘的笑）都是社交性的。据估计，在其他人身边时欢笑的可能性要比独处时高出 30 倍。要理解欢笑，我们必须跳出个人思维，转而研究欢笑是如何把人们联系在了一起。

欢笑可以传染。欢笑会传播到其他人身上，就像标枪一样直达人的内心，充满了某种特质，它促使其他人开始无缘无故地欢笑，这是心理意识无法触及的地方。在《落城》中，笑声沸腾，如瀑布和风暴一般。房间里像音乐厅一样充满了欢声笑语。

欢笑能产生一种非凡的身体状态（见图 7-1）。人们笑得前仰后合。人在欢笑的时候，身体会软下来，不能做任何动作。有一次，我给女儿们挠痒痒，在此过程中，我让她们试着随心所欲地做一些基本的动作，比如吹口哨、眨眼、向我伸出舌头，但她们做不到，而是身不由己地爆笑起来，此后，身体进入了一种平静的、超脱世俗的状态。

图7-1 扬·斯蒂恩（Jan Steen）把自己描绘成一个琵琶演奏者，精彩地捕捉到了笑声伴随着身体垮塌般的轻松状态。斯蒂恩是一位描绘欢笑的天才画家，因为他经历了许多悲剧，包括他第一任妻子的早逝。

也许最微妙的是，笑声与我们的呼吸交织在一起。在博伊尔的描述中，笑声伴随着气体从嘴里喷出。除了某些病态的笑［比如，梅夫·格里芬在 20 世纪 70 年代的情景喜剧《欢迎归来，科特先生》（*Welcome Back Kotter*）中饰演的阿诺德·郝莎科的笑声］，几乎其他一切欢笑都发生在人们呼气的时候。这个关于欢笑的简单事实似乎是我们对笑的理解的附带结果，但事实上这是根本事实。下面说一下原因。

呼吸和心跳带有身体最基本的两个节奏。这两种节奏互相配合，就像无伴奏合唱团中歌手们此起彼伏的声音一样。当你吸气的时候，你的心率会加快。当你呼气的时候，你的心率会下降，你的血压也会下降，你会进入一种放松的状态。

这种心肺互动现象已成功进入书名（如《等待呼气》）、格言（深呼吸）、文法学校教室里的道德箴言（深呼吸，数到十）、教练们给那些试图在比赛中赢得投球机会的球员的建议（要有条不紊地呼气），以及瑜伽练习中的呼吸练习。呼气会降低战或逃反应的生理机能，尤其是心率，使身体平静下来。事实上，20 世纪 70 年代和 80 年代的一系列研究发现，只要让人深呼吸，就能降低血压、减轻压力和焦虑，变得平静下来。

当罗伯特·普罗文（Robert Provine）研究了不同笑声的图谱，也就是笑声的声学特征时，他去掉了断续的爆破音，就像听到的"哈哈哈"或"嘻嘻嘻"的声音。笑的过程平均持续 0.75 秒。在任何典型的笑声"发作"中，都会有三四次这样的"欢声笑语"。普罗文发现，隐藏在这些爆笑背后的是一声深深的叹息。笑是最原始的呼吸技巧，最早是"深呼吸"中的呼气过程。当黑猩猩和倭黑猩猩张开嘴扮鬼脸时，它们正在改变战或逃反应的生理机能，以减少攻击的机会，并为玩耍和亲密接触敞开了大门。

哼哼声，哧哧声以及它自己的空间

我们已经了解了关于欢笑的一些基本事实：欢笑几乎总是社交性的，它使身体进入一种放松的状态，它还与呼吸交织在一起。然而，我们仍然没有回答一个最简单的问题：笑的意义是什么？是什么把人类各种各样的笑统一在一起？当科学家们寻求在这一范畴内统一各种行为的原则时，理解一类表情行为的线索就出现了，比如叹气、伸出舌头、闪一下眉毛或者唰的一下脸红。我们应该感谢乔－安妮·巴肖洛夫斯基（Jo-Anne Bachorowski）在人类笑声的复杂声学方面所做的艰苦工作。

当空气通过人类发声器官（见图 7-2）时，肺部周围的肌肉收缩将空气推出，通过声带的缓慢振动，空气就会产生一种振动模式。声带振动的速度决定了声音的音高。然后，当这些声音通过喉咙时，人类舌头的微妙运动、嘴巴张开的程度（比如，是张大嘴巴还是咬紧牙关）和鼻腔通道打开的程度会被赋予其额外的声学特性，叫作"共鸣度"和"清晰度"。然后，研究人员从声谱图中提取出这些复杂的声音，并提取出各种不同的衡量标准，以得出笑声、叹息、呻吟、咕哝或戏谑的声音轮廓。衡量标准包括语速、音高、响度、音调变化，以及结尾时是升调还是降调。

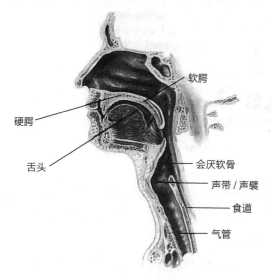

图7-2 人类发声器官图

巴肖洛夫斯基是第一个对笑声进行这种复杂的声学分析的人。她记录了朋友和陌生人在观看罗宾·威廉姆斯（Robin Williams）的幽默喜剧、大家一起玩有趣的游戏或者只是随意交谈时的笑声。在近距离分析成千上万的笑声时，她的视力受到了严重伤害，却依然致力于编写一部笑声词典。这部词典里有咯咯声、嘶嘶声、喘息声、哧哧声、哼哼声，还有歌声般的笑声，这种笑声有着悦耳的声学结构。普罗文发现女人比男人更爱笑，巴肖洛夫斯基的研究提高了这一性别上的差距：男人就像可怜的类人猿，他们比女人更容易发出打鼾的哼哼声和鼻息的咻咻声。

　　然后，巴肖洛夫斯基对笑声的基本声学进行了微观分析。她的艰苦工作给笑声的深层含义以及欢笑出现在人类进化过程中的原因提供了三条线索。第一条线索帮助我们开始理解各种各样的令人震惊的笑声。巴肖洛夫斯基将她所说的"有声的笑"和"无声的笑"进行了区分。有声的笑有音调，并伴有声带的振动，而无声的笑则没有音调。有声的笑听起来像歌曲，在空中起起落落。还有人将这些笑声视为友情和同志情谊的邀约。无声的笑，如嘶嘶声、哼哼声、咻咻声，都不是这样被感知的。就像微笑的语言可以划分为 D 型微笑和非 D 型微笑一样，大笑也是如此：有快乐的有声的笑，也有无声的笑，后者不携带快乐的因子。米兰·昆德拉（Milan Kundera）在他的《笑忘录》（The Book of Laughter and Forgetting）中对笑进行了不同凡响的沉思，书中提到了两种笑。魔鬼的笑否定了世界的理性秩序。天使的笑声肯定了事物的美丽，它把爱人、朋友和同志聚集在一起，共同目标是置身于一个高于尘世的境界。有声的笑是天使的笑，无声的笑是魔鬼的笑，但这两种笑声对社会契约同样重要。

　　巴肖洛夫斯基在分析个人的笑声如何像管弦乐队中不同乐器的声音一样相互影响时，有了第二个重要发现。朋友的笑声与陌生人的笑声相反，前者一开始是单独的发声，但很快就会转换成重叠且相互交织的声音。巴肖洛夫斯基认为，这些笑声是轮流吟唱型对笑。这是一种用感情把人们团结在一起的笑声。朋友们在回应幽默和轻松的时候，会很快找到一个共同的声音空间来分享笑声，在 2~3 秒钟的轮流吟唱型对笑中，他们的心灵是相通的。

　　就像辅音和元音一样，巴肖洛夫斯基最终确定了笑声在声学空间中的位置。这里有一个惊人的发现：笑声占据了声学空间的一部分，不同于像"啊啊啊"和"嗯嗯嗯"在声学空间中占据的位置。我们可以用书面语来形容笑声，比如"哈哈哈"或者"嘿嘿嘿"。但事实上，笑的声学结构与我们用来表示这种神秘行为的书面语的元音结构是截然不同的。人类发声器官的某些区域产生了构成人类语言的元音和辅音，这也是我们许多社会生活的发生地带。但人类发声器官还有另一个声区和另一种输出形式，也就是笑声，它与人类的语言有着不同的起源和功能。

根据巴肖洛夫斯基的发现，现在人们认为，在人类进化过程中，笑先于语言，是在大约 400 万年前在原始人类身上出现的。这明显早于人类开始将元音和辅音组合成音素，并将这些音素组合成词句的时间。威利博尔德·鲁奇（Willibald Ruch）是一位著名的"笑学"科学家，他总结了关于笑的神经科学的最新实验数据，得出了一个关于人类笑在进化过程的早期如何出现的类似结论。鲁奇综合了大量关于笑声的大脑研究。有些研究专注的是大脑与病态的笑之间的关联。例如，患有假性延髓情绪综合征的人在受到不适当的刺激时（比如仰仰头、挥挥手或者是谈话中某句微不足道的评论）会突然失控地大笑起来。在其他一些研究中，专家对大脑的特定区域进行电刺激后观察到了大笑。当人们大笑的时候，大脑皮层下、边缘系统和脑干会被激活，最显著的是脑桥区域，这个区域与睡眠和呼吸有关。从进化的角度来说，这些区域比大脑皮层中涉及语言的区域要古老得多，这表明大笑的深层含义与呼吸息息相关。

笑有什么好笑的呢？

如此说来，笑声具有社交性和传染性。它将肺部深处的空气排空，使心率和血压下降，战逃反应的肌肉松弛下来，让我们的心灵进入平静状态。这些关于笑的事实非常符合"笑的意义最持久"的观念，即笑是幽默体验的行为输出。幽默和笑声一样难以解构，但人们对幽默行为的规范结构达成了共识：它们包含一些矛盾的命题并置，从而产生一种张力与歧义并存的状态。矛盾的解决以一种概念性的洞察力或笑点的形式出现，当矛盾得以解决的时候，我们会开怀大笑。

笑声还可以减轻精神紧张。神经学家罗伯特·普罗文利用收集的数据对此进行了严格检验。普罗文没有把自己局限在枯燥的实验室里，也不只是坐在扶手椅里进行抽象的概念分析，而是把他敏锐的耳朵转向了发生在现实世界中的笑声。他让三名大学生助理偷偷地录下了他们在商场里听到的阵阵笑声、在街角听到的友好交谈、在食堂里听到的大学生的嬉笑。他们总共记录了 1200 多段笑声。普罗文将这些片段转录成笑声叙事，然后剖析人们在笑声出现之前的谈话内容。

幽默常常在笑声之前出现。当听到下面这些话时，谁不会仰着头、闭着眼睛、弯着身子、抖着肩膀而哈哈大笑，或至少咯咯窃笑呢？

> 她在攻读卧式民间舞蹈博士学位。
>
> 你刚刚放屁了！
>
> 可怜的孩子长得真像他父亲。
>
> 当他们问约翰的时候，他说他长大想做一只鸟。
>
> 你会和同类约会吗？
>
> 那是在我脱衣服之前还是之后？
>
> 这算是衣服还是遮羞布？

　　然而，幽默导向的话语只占笑前陈述的 10%~20%。重要的是，普罗文发现，各种各样的话语都会伴随着笑声。超过 80% 的笑不是对幽默语言行为的回应。想想下面这些让人发笑的话语吧：

> 我明白你的意思。
>
> 我希望我们都做得很好。
>
> 我们能处理好的。
>
> 我早说过会这样！
>
> 你确定吗？
>
> 你为什么和我说这些？
>
> 你这是什么意思呀？！

　　这可不是《每日秀》（*Daily Show*）、《周六夜现场》（*Saturday Night Live*）中罗宾·威廉姆斯扮演的班级小丑或小镇智者所引发的击膝爆笑场景。如果这些谐星们只是常规之外的例外，那我们可以不予理睬。但与幽默无关的谈话实属常规，而非例外，因此需要对笑进行更精确的理论化研究。

笑是合作的开关

　　现在请问，我们每天听到的咯咯的笑、哄堂大笑、嘶嘶的笑、得意的笑、哧哧的笑和悦耳如歌的笑，它们的统一概念是什么呢？我们已经看到，人类并不满足于久经考验的论题——幽默。它无法解释我们日常生活中发生的许多或绝大多数的笑。对于巴肖洛夫斯基和她的同事迈克尔·欧文（Michael Owreh）来说，补充答案就是合作。在一项富有洞见的分析中，巴肖洛夫斯基和奥伦认为，笑能建立合作关系，这对群体生活至关重要。笑是通过两种机制来实现这一点的。

第一种机制是感染力。我们经常会笑，听到别人的笑声，我们会感到兴奋和轻松。笑声的感染力驱动着搞笑镜头的历史发展轨迹，普罗文在《笑声》（*Laughter*）一书中详细介绍了这段历史。近年来，神经科学证据表明，当我们听到别人笑的时候，镜像神经元表征了这种活动，并迅速激活行动倾向和体验，在听者的大脑中模拟最初的笑声。具体来说，笑声会激活听者运动皮层的一个区域，即辅助运动区域（简称 SMA）。成束神经元离开 SMA，进入脑岛和杏仁核，从而触发笑声感知者的欢笑和愉悦体验。当我们听到别人笑的时候，这个镜像神经元系统的作用是就像听者自己在笑。

第二种机制是建立合作关系。笑可以奖励互惠互利的交流，促进工作、厨房、育儿和朋友之间的成功合作。笑表示赞赏和彼此理解。笑声可以唤起快乐的情绪。鉴于每个人都有自己的标志性笑声，由个人发声器官的细节产生，因此，笑声成为合作交流的独特奖励，并在个人之间建立信任关系。

这一理论引出了对笑的深刻认识。笑不仅仅是对身体或精神内部状态的一种外向解读，还意味着焦虑和苦恼的停止，以及在欢笑、轻松或兴奋中振奋起来。相反，笑声也是一种丰富的社会信号，这种信号已经进化到游戏互动中，比如挠痒、打闹、戏谑，以唤起他人合作互助的回应。"合作型笑声"理论将经验文献中零散的发现汇集在一起。比如，两家公司谈判代表之间的谈判陷入僵局，但在他们笑起来之后，戏剧性地转向了共同立场和妥协局面。在我自己对高管们的研究中发现，谈判初期的笑声是"打破僵局"的利器，为更多互利的谈判搭建了舞台。这些玩笑涉及家庭、旅行中的意外事件、酒店房间、高尔夫游戏等场景。职场研究发现，在讨论潜在的冲突时，同事们经常会笑。通常，在狭小的空间、紧张的团队会议上，以及批评某位同事的工作时，更容易发生简单的冲突。在讨论冲突问题时能够开怀大笑的情侣会在亲密关系中找到更大的满足感。当人们与陌生人随意交谈时，那些发笑的人们被认为更有个人魅力。朋友之间的轮流吟唱型对笑会促成更亲密的关系。

笑声在中东谈判中扮演的角色，以及在高管们讨价还价、同事长期相处、陌生的速配情侣畅谈未来婚姻时发挥的作用，都是乐观的。约翰·戈特曼最近发现，对于那些平均在结婚 7.4 年后离婚的夫妇来说，负面情绪（比如蔑视和愤怒）尤其能预示婚姻的结束。然而，那些平均在结婚 13.9 年后离婚的夫妇，笑声的消失预示着他们关系的结束。在婚姻的早期阶段，像愤怒和轻蔑这样的负面情绪是非常有害的。在亲密关系的后期阶段，正是由于缺乏笑声，才导致两人分道扬镳。没有了笑声所提供的合作性亲密纽带，以及伴随而来的快乐，伴侣们就可能会离开彼此。

也许笑声是打开合作意向的巧妙按钮。它是一种框架手段，将社会互动转变为基于信任、合作和善意的协作交流。也许婚姻的脉搏就是从伴侣分享的笑声中听到的。当我醒来，听到我的两个女儿发出咯咯的笑声（属于巴肖洛夫斯基发现的轮流吟唱型对笑）时，我知道这个早晨会很和谐，姐妹俩在寻找自己独特生活空间时不容易发生冲突。也许我们之间的关系，就像我们一起欢笑的历史一样美好。

不过，这个推理需要更精确一点。我们合作的方式很多，比如赠送礼物、抚慰、赞美、承诺和慷慨的行为。笑声必须与更具体的合作互助行为联系在一起。

"笑是合作互助"这一假说的反例也很容易跃入我们的脑海。霸凌者通常会笑对自己的攻击性羞辱行为（只要听听《辛普森一家》里的霸凌者拉尔夫那刺耳的"哈哈"声就知道了）。听说阿布格莱布监狱的拷打者们会嘲笑他们用棍棒殴打的受害者。托马斯·霍布斯（Thomas Hobbes）曾写道，当人们"知道别人身上有某种丑陋不堪的东西"时，他们发出笑声，因为这让他们感到"洋洋得意的自豪感"，使他们"突然间为自己鼓掌"。他把世界描述成一个自相残杀的狗咬狗的世界，这种观点并不令人惊讶。我们可以从笑的起源中找到更精确的线索，比如，孩子们如何玩耍和开启欢笑模式，以及在此过程中收获了怎样的社交和理念。

语言滥用

儿童语言的习得是惊人的。在 6 岁之前，儿童平均每天大约要学习 10 个单词，平均能掌握 13000 多个单词。即使父母从未向他们传授语法复杂的用语，或者父母带有浓重的口音，他们也能说出地道的英语。正是出于这些原因，史蒂夫·平克（Steve Pinker）把这种高效率的语言学习能力称为"语言本能"。

然而，引人注目的是，孩子们滥用语言规则的速度如此之快。特别是，儿童在生命早期违反基本表达规则的倾向具有显著的发展规律。他们很快就会说出违背语言规则的词汇（常规词汇应该指向特定物体的观念，而特定物体应该由特定的词语来描述）。正是在这种表达滥用中，我们找到了笑的核心意义：笑意味着现实之外的选择是可能的，它是进入伪装世界的邀约，也是对字面意义和更正式的社交需求的中止。笑是一张通往人类假想风景的门票。

艾伦·莱斯利（Alan Leslie）在他对虚拟游戏发展的分析中详细描述了儿童的三种虚拟游戏。每一种游戏都取决于孩子是否违反了单词和所指物体之间的对应规则。至于实物的虚拟代替物，孩子学会了用物体的非字面意义代替物体的真正意义。在孩子们的虚拟游戏世界里，石头变成了面包，泳镜变成了手机，沙发枕头变成了堡垒的墙，卧室变成了教室，姐姐变成了小摇滚明星或是在客厅开杂货店的刻薄老太太。

在第二种假扮游戏中，孩子们常常赋予人物或事物非字面意义的属性。当我的两个女儿分别为 5 岁和 3 岁时，我花了大半年的时间，像王子一样在各种舞会上和她们跳舞。她们坚持让我穿一套运动服，她们认为那套衣服有中世纪王子的天鹅绒紧身衣之美。这种游戏模式建立在虚拟属性之上，后来切换成了一系列我感觉更自在的身份（食人魔或友好的大猩猩），所有这些假装身份都源于她们对我的身体状况以及令人遗憾的大肚皮的细节再现。

最后，幼儿的世界充满了想象的虚拟事物。在第三种假扮游戏中，孩子们只是想象一些并不存在的东西，比如公主手中握着的圣杯、宝剑、魔毯、邪恶的女巫或者同伴。

这些形式的虚拟事物在孩子 18 个月左右以有条不紊的方式出现，还伴随着一系列的笑声。它们引导孩子开发使用一个词语指代多个事物的能力。当孩子们从词语和物体之间的一对一关系中解脱出来时，他们就会知道单词有多重含义。他们还了解到一个物体可以代表很多东西，比如，香蕉可以是香蕉，也可以是电话、食人魔的鼻子或者男孩子的小鸡鸡（当父母不在的时候）。

在自由的假扮游戏中，孩子们学会了看待事物、动作和身份的多种视角。孩子们从自己的自我中心意识中走出来，还明白了他人的信仰和表达肯定与自己的不同。正是笑声把孩子们带进了理解力平台，赋予他们深刻的世界观。

成长心理学家研究了兄弟姐妹在家里的假扮游戏，父母和孩子的嬉戏摔跤，或者孩子在操场上的有趣交流，他们发现笑声可靠地启动和框定了游戏规则。当一场追逐游戏、打滚打闹、一轮愚蠢的文字游戏或讲故事环节开始的时候，孩子或父母就会开怀大笑。语言学家保罗·德鲁（Paul Drew）仔细分析了家庭调侃互动的展开过程，发现调侃互动是由最初的笑声构成的。笑声是通向假扮、玩耍和想象世界的门户，它是一份邀请函，让我们进入一个非文字的世界。在这个世界里，身份、事物和关系的真相暂时被搁置，各种各样的虚拟事物被欣然接受。那几个小时的假扮游戏，比如，躲猫猫游戏、怪物和公主、桥下的食人魔、宇航员游戏，都是同情心和道德想象力的入口。

小小的假期

据观察，笑伴随着孩子假扮和取代现实世界的能力，违背了"真诚交流"的原则。我们也得出了一个关于笑的假设，让我们称之为"笑的假期"。这个假设的名字是为了纪念喜剧演员米尔顿·伯利（Milton Berle），可以肯定地说，他在他的职业生涯中见证了数百万次的笑声。伯利总结了笑的奥秘："笑是一个瞬间的假期。"

伯利的假设的智慧之处在于"vacation"（假期）的词源，它有一个微妙的故事。"vacation"这个词的语言学历史可以追溯到拉丁语"vacare"，意思是"空的、自由的、闲暇的"，其定义为正式停止活动或职责。而笑就意味着正式的、真诚的语言意义的终止。它指向一个互动层面，在此，假设的真相可以有替代选项，比如，身份是轻松的、不严肃的。当人们笑的时候，他们正在获得一个瞬间的假期，取代了他们行为中释放的真诚声明和暗示。

所以，让我们把我们的事实和猜测交织在一起，形成"小小的假期"假说吧。在灵长类动物的进化过程中，黑猩猩和倭黑猩猩的笑是从张开嘴巴做鬼脸开始的，这也是在暗示和开启有趣的日常活动。正如达尔文很久以前所观察到的那样，笑的质量、声音、功能和感觉根植于身体的动作中：它与呼气和减压有关的生理反应交织在一起。声音中有一个特殊的领域是为笑保留的，这是一个比语言更古老的领域，由神经系统的古老区域——脑干——控制，脑干也调节呼吸。这个为笑声预留的声学空间会激发其他人的快乐和欢笑，并为假扮和想象的行为指定了一个社会领域，就像马戏团或剧院的场地范围。在幼儿的假扮游戏中，笑可以变无聊为有趣，使孩子们能够以不同的视角看待他们所面对的感知世界。笑声是通往假扮世界的门票，它是一个两三秒钟的假期，从现实世界的累赘、负担和严肃中解脱出来。

面对死亡的笑

　　我亲爱的朋友兼同事乔治·博南诺（George Bonanno）进入学术界的道路可谓一波三折。他曾经坐火车四处流浪，在华盛顿州帮人摘过苹果，流浪街头，在亚利桑那州刷过招牌，之后，他又突发奇想，决定去一所社区大学上创意写作课。他第一次提交作品之后，他的导师就发现了他的才华，很快他就踏上了通往耶鲁大学博士学位的快车道。可是，传统精神创伤理论的支持者可能会希望他从未上过写作课。

　　在过去的 15 年里，他进行了密集的叙事性访谈和跟进计划，研究了个体如何适应各种各样的创伤，比如，婚姻伴侣的死亡，"9·11"恐怖袭击事件，孩子的夭折。他不断地发现一个基本问题，这是创伤题材文献不曾预料的结果。传统观点认为，创伤后，每个人都会遭受长时间的不适应、焦虑、痛苦和抑郁。乔治在他所做的每一项研究中都发现，相当一部分遭受创伤的人都经历过痛苦和不安，但从更广泛的层面来看，他们都过得很好。一年之内，他们就能和以前一样幸福，或许更加辛酸，但却对幸福充满了令人窒息的渴望，最终他们还是逐渐过上了满意的生活，或许还变得更加明智。

他提出的问题是：是什么让人们适应这种改变人生的创伤？我们的答案是：笑。笑提供了一个短暂的假期，让我们从失去所爱的人、离开一座城市或失去一种生活方式的困境中解脱出来。

为了验证这一论点，乔治和我进行了一项研究，看看笑在丧亲之痛期间的作用。为此，我们带了45名成年人来到实验室，这些人6个月前都曾目睹过配偶的死亡。丧亲6个月是一段痛苦的时光。配偶的死亡会使人产生轻度抑郁、迷失方向和精神错乱。婚姻的日常节奏已经不复存在。关于白天发生的事情、梦境的碎片、朋友或爱人做过或说过的有趣事情、工作进展的谈话也都是如此。失去亲人的成年人通常难以处理日常生活事务，比如，记不起付账单、准备晚餐、购物、修车，因为与他们合作互助的另一颗大脑已经消失了。对伴侣的回忆，比如照片、衣服、气味和过去的声音，让他们在思念中沉沦。所以我们要问：笑是否会促使失去亲人的成年人在创伤中找到新的意义，或许是一条通往有意义的人生之路。

我们的45名受试者来到了乔治在旧金山的实验室，实际上这是一个维多利亚时代的楼上房间，有木地板和玻璃窗。在一些初步的谈话之后，乔治让受试者做最简单的事情："告诉我，你和你已故的伴侣之间的关系如何？"然后，乔治给他们六分钟时间，讲述他们与已故配偶的关系。有关于在蓝调音乐表演中相遇的故事、狂野青年的壮举、抚养孩子的经历、牙龈出血的体验——这是6个月后死亡的前兆，她的孩子们就陪伴在医院的病床旁。一个男人在回答乔治的问题时，只是呜咽和喘息了6分钟，一句话也说不出来。

我记得另一位女士，她的丈夫在躁狂症发作之后，心烦意乱地去看望了自己的母亲，然后就以自杀告终。就在她叙述完那场跳楼自杀的故事之后，甚至可以听到鸽子在实验室的窗台上咕咕叫。

乔治在计划接下来几个阶段的跟踪研究时（他已经对这些人的幸福感进行了几年的评估），他把这些对话的录像带发给了我。整整一个夏天，我把自己锁在实验室的视频编码室里，那是在我们部门的地下室里，我用艾克曼和弗里森的面部动作编码系统对这些6分钟的对话进行了编码。每段对话的编码时间大约为6小时。每天花8小时听死亡故事，然后把这些黯然神伤的情感编成代码，让我精疲力竭和备感压抑。几乎所有的受试者都表现出大量的负面情绪，比如愤怒、悲伤、恐惧，或者不太常见的厌恶。

我们的问题很简单，但以前从未有人提出过：什么样的情绪预示着对配偶死亡的健康适应？需要对焦虑和抑郁进行临床评估吗？还是要观察长期的丧亲之痛，捕捉到丧亲之人的持续思念，以及以后无法好好过日子的无奈？哪种情绪会导致丧亲期间的适应不良？

有关丧偶情况的传统观念为大家提供了两个明确的预测。这种传统观念是基于弗洛伊德心理学思想的。第一个预测是：人们从丧偶之痛中恢复过来的关键在于增加消极情感的宣泄，比如发泄愤怒和悲伤之情。第二个预测是，积极情绪的表达实际上是否认病态的标志，是故意回避创伤的存在事实，会阻碍悲伤的消退。相比之下，我们的想法恰恰相反，笑可以让我们失去亲人的受试者暂时远离失去的痛苦，获得新的视角，从一个更加超脱的角度看待他们的生活，寻找片刻的平静，似乎是做了一个深呼吸。

我们的第一个发现支持了这种笑的观点。根据分别在失去亲人后6个月、14个月和25个月进行的独立访谈中的评估，欢笑（以及微笑）的测量结果预示了悲伤的减少。那些在谈论已故配偶时表现出愉快、杜兴式欢笑的受试者实际上不那么焦虑、抑郁，并且在接下来的两年里会更专注于日常生活。同样重要的是，我们观察到，那些表现出更多愤怒的人实际上在接下来的两年里经历了更多的焦虑、抑郁，并很难融入日常生活。

关于这些发现，人们提出的第一个反对意见可能会涉及死亡的性质。也许那些发笑的人更容易熬过亲人离世的最初悲伤阶段，因此，他们能更好地适应这种痛苦的失去。我们从对丧亲之痛的实证研究中发现，死亡的性质很重要，比如，突然死亡、经济供给型配偶的死亡会导致更长时间的悲痛和更大的重新调整困难。我们还发现，一个人最初悲伤的严重程度，可以有力地预测这个人以后调整自己的困难程度。但这些可能性并不能掩饰笑的好处：那些笑得开心的人与那些不笑的人相比，即便他们在配偶死亡的性质或最初的悲伤程度上没有区别，前者也会比后者更加从容。

有人可能会同样争辩说，也许我们那些笑对死亡的人一开始就是更快乐的人，我们将笑与调整联系起来的结果仅仅是个体内在快乐的产物，而不是伴随笑声而来的情感动态和视角转变。事实证明，这种说法也是站不住脚的：我们那些笑的人和那些不笑的人在任何传统的幸福感测量标准上并没有什么不同。

我和乔治受到这些发现的鼓舞，于是继续寻找进一步的证据来支持笑的好处。在谈论已故的伴侣时欢笑，为什么会增加个人的适应能力？我们所观察到的结果与"笑的假期"理论非常一致。我们的第一次分析着眼于丧亲之人的痛苦经历如何唤起一个生理指标，即心率升高。那些失去亲人的人笑了，他们的心率与那些没笑的人相似。但是，不笑的人体验的痛苦与他们的心率有关，而笑的人的经历与生理压力指数无关。打个比方，笑可以让他们从伴侣死亡的压力中获得"笑的假期"，从与压力相关的生理紧张中解脱出来。

然后，我们记录下他们的谈话，并确定这些失去亲人的受试者在笑的时候到底在说什么。这里又有更多的数据表明，笑并不是像人们普遍认为的那样是否认创伤的标志，而是通过想象力转向新视角的标志。我们对受试者提到的几个与丧亲相关的现实存在主题进行了编码，比如，失落，怀念，愤愤不平，紧张不安。我们还编写了洞察力词汇来反映视角的转变，比如"我看到"或"从这个角度"或"回顾"等短语。我们的受试者最有可能谈论的是死亡的不公平，比如生命的不公平终结、独自抚养一个家庭的困难、亲密感的丧失，但在讨论中，他们的视角发生了改变。笑是这些人看待配偶死亡的视角转变的一部分。这是一个他们通向生活新认识的入口。笑是智慧的闪电，是一个人后退一步，对自己的生活和人类状况获得更广阔视角的时刻。

最后，有关数据说明了笑的社会效益。我们那些爱笑的死者亲属说，他们和现在的另一半关系更好。他们更容易建立新的亲密关系。

大笑＝涅槃

佛陀开悟的道路是艰辛的。他不得不离开自己的家庭、妻子和新生的孩子。他徘徊多年，在不同的修行中追求涅槃的境界。他在苦苦修行中差点饿死，饿成皮包骨头。当佛陀最终在菩提树下开悟时，他意识到生命的苦难植根于以自我为中心和欲望，而一旦摆脱了这些幻想，善念就会从内心升起。仁爱、善良、同情、平和以及极乐世界都会实现。在这场顿悟中，佛陀一定深深地呼出了一口气。我敢打赌，他也笑了。

"涅槃"最初的意思是"生命火焰的熄灭"。显然，这里的"熄灭"是指吹灭利己欲望的火焰，这是通往涅槃的障碍。我认为，"熄灭"的第二种可能性是涅槃意味着呼气、爆发、大笑。

佛陀的形象往往是大腹便便的笑脸人。研究来自世界各地的国家元首的形象，他们都是"行走的笑脸人"。12 世纪和 13 世纪，日本佛法大师收集了 100 个禅宗公案，用以摆脱有意识的理性思维，为开悟打开机缘。大师们故意把著名的禅宗公案做成了自相矛盾的语言：

> 如果你在路上遇到佛陀，杀了他。

> 吾人知悉二掌相击之声，然则独手拍之音又何若？

许多其他的禅宗公案都借用了荒谬的幽默，它们之所以能留传下来，是因为它们能让弟子们笑出声来：

> 如何是佛？——麻三斤。

笑可能只是通往涅槃的第一步。当人们笑的时候，他们是在享受一个摆脱社会生活冲突的假期。他们在呼气、爆发，他们的身体正朝着平静的状态前进，无法执行战逃反应。人们从不同的角度看待自己的生活，用的是新的视角和超然的态度。他们的笑声被镜像神经元网络所激活，在几毫秒内传递给其他人。在分享的笑声中，人们会互相接触，会有眼神交流，他们的呼吸和肌肉动作同步，他们在亲密游戏的王国里尽情遨游。这样冲突会得到缓和，矛盾会得到化解，等级安排也可以协商妥当。吸引力和亲密感由此产生。曾经是仁率分母的因素（如冲突、紧张和挫折）都会消失。于是，人们以和平的方式靠近彼此。

雄孔雀以它们奇异而美丽的尾巴而闻名，这些尾巴有催情的效果，显示了它们的基因健康，从而吸引那些比较古板和腼腆的雌孔雀。鲜为人知的是，在孔雀求爱的定情仪式中，华丽的尾巴到底有多大的催情作用呢？通常，当好奇的雌孔雀走近时，雄孔雀会转过身去不理睬雌孔雀。然后，雄孔雀伸出膨胀的尾巴，朝着雌孔雀好奇的眼睛露出自己的屁股。雌孔雀表达最初的兴趣时会干什么呢？通常情况下，雌孔雀的鼻子会蹭一下雄孔雀不体面的屁股。

孔雀为什么如此缺乏鸟类的高雅情调？雄孔雀是否像许多灵长类动物一样，依靠臀部作为一种"性刺激"？比如，狒狒求爱的夸张情形？其实不然。阿莫茨（Amotz）和阿维沙格·扎哈维（Avishag Zahavi）在他们的精彩作品《累赘原理》（*The Handicap Principle*）中做了解释。这两位鸟类学家认为雄孔雀只是在试探雌孔雀。雄孔雀在打趣和挑逗雌孔雀，以收集有关雌孔雀的性兴趣的信息。如果雌孔雀面对着配偶的臀部，敏捷而认真地转过身来面对雄孔雀，那么，雄孔雀就知道雌孔雀对自己感兴趣，而不只是在逢场作戏，也不只是停下来随便地互相咯咯叫和咕咕叫。如果雌孔雀没有表现出兴趣，或者在几毫秒的磨磨蹭蹭之后才出现，那么，雄孔雀已经获得了雌孔雀没有做出承诺的关键信息。雄孔雀可以在决定与谁交配和不与谁交配时考虑这些信息。

如果你认为人类已经进化到不再需要在亲密的关系中打趣和挑逗，不妨看看莎士比亚的《无事生非》（*Much Ado About Nothing*）中一对很棒的情人（贝特丽丝和班尼迪克）之间的交流。这是他们第一次对彼此表达爱情的真挚交流。

> 班尼迪克：现在请你告诉我，你第一次有幸爱上我是因为我的哪个缺点？
>
> 贝特丽丝：所有的缺点！它们保持着一种如此狡猾的邪恶状态，以至于不允许任何优点混进来。但你第一次不幸爱上我，是因为我的哪个优点呢？
>
> 班尼迪克：不幸爱上你！这话我爱听！我确实不幸，承受着爱的折磨，因为我违心地爱着你。
>
> 贝特丽丝：你违心地爱着我，我过意不去啊。唉，可怜的心啊，如果你为了我的缘故而不喜欢你的心，我也会为了你的缘故而不喜欢我的心，因为我永远不会爱上我朋友所憎恨的东西。
>
> 班尼迪克：我俩都太聪明了，求爱的时候都要搞出点儿动静来。

在动物世界里，逗趣是无处不在的，由此可见，煽情和逗趣在我们社会进化中的重要性。小猴子通过晃动尾巴来挑逗附近那些后知后觉的大猴子。非洲猎狗和矮猫鼬在狩猎前扎堆"叠罗汉"，互撩和逗趣，就像足球运动员在开球前拍打对方的手掌一样，逗趣是为了做好进攻和防守的准备。在人类中，当断奶的婴儿噘起嘴想喝奶时，妈妈会把自己的乳房从宝宝身边拉开。大人们会玩“藏脸”“躲猫猫”之类的游戏来捉弄生闷气的孩子。十几岁的少男少女会用充满敌意的绰号和古怪的带有性别色彩的模仿来评价朋友的浪漫倾向和性经验。在人类社会生活中，“性辱骂”就像分享食物、打招呼手势、安慰模式、调情和表达感激一样普遍。

在西方文化中，“逗趣”一直是个问题。在罗马时代，法律明令禁止谤诗，即存心诋毁、辱骂他人的诗歌。如今，在小学操场和工作场所都禁止任何逗趣行为。在大学校园里，挑逗行为也受到校园文明用语规范的限制。嘲讽是逗趣的近亲，名声也好不到哪里去。在文学评论圈内，一篇广为流传的论文规范《20 世纪 90 年代文学评论规范》第七条规定“禁止嘲讽”。随之而来的理由是，“伟大的文学要求我们有一种高度的严肃性，而不是无礼的大笑和胡闹”。在《为了共同的事业》（*For Common Things*）一书中，刚从耶鲁大学本科毕业的杰迪戴亚·珀迪（Jedediah Purdy）大声呼吁，要真诚，要远离常青藤联盟派对上畅饮鸡尾酒时弥漫在空气中的那种冷嘲热讽。

逗趣的危险是显而易见的。“我只是逗逗你”被小学里的恶霸和工作中不可救药的性犯罪者用作最后的辩护词。但他们所说的“我只是逗逗你”根本不是在闹着玩儿，而是纯粹的侵略和胁迫。霸凌者偷窃、拳打脚踢、吐口水、折磨、羞辱，他们真不是在开玩笑。性侵犯者惯于猥亵乱摸、抛媚眼、粗鲁地说下流话，有时还威胁调戏，他们根本不是搭讪者。相比之下，逗趣是一种游戏模式，毫无疑问是尖锐的，通常会激怒别人，迫使别人做出回应。于是，我们转向玩笑式的挑衅，以应对社会生活的多义性，建立等级制度，测试对社会规范的承诺，寻求潜在的浪漫兴趣，协商工作和资源的冲突。要理解这是怎么回事，我们必须首先考虑一个普遍的团体——小丑或愚人，这是"逗趣"语言哲学的目标对象。如此，我们将发现某种特定的语调和一种语义定式，这些东西说明人类把自己的身体和表情的精华部分应用到了逗趣方面。

愚人和小丑的天堂

1449 年 1 月 19 日，苏格兰人通过了《收监菲伊奈特愚人的法案》（*Act for the Away-Putting of Feynet Fools*）。这项法令规定了对冒充小丑和愚人的人的法律惩罚，比如，把耳朵钉在柱体上，截去手指。在中世纪和文艺复兴早期，愚人和小丑曾经是一门正经的行当。宫廷小丑经常在经济和外交事务上充当顾问。在中国、中东和欧洲，宫廷小丑在国王和王后的宫廷中享有高位。小丑和愚人在公共生活中的显赫地位可以追溯到北美的阿兹特克人、玛雅人和北美洲的原住民。

贝特丽斯·奥托（Beatrice Otto）在《愚人无处不在》（*Fools Are Everywhere*）一书中详细描述了宫廷小丑的可怜出身。小丑通常在外表或举止上都与众不同：驼背、侏儒和极其丑陋。他们往往拥有其他创造性的才能，是天才的音乐家、诗人、杂耍艺人或舞蹈家。

小丑们穿着辨识度很高的荒唐服装（见图 8-1）。他们用谜语、糗事、恶作剧、尖酸刻薄的嘲讽以及滑稽的表情来讽刺皇室及其裙带关系的追随者，尤其是教会势力。小丑们尖锐地指出了可以替代现状的其他可能，他们颠倒了现实，也颠覆了传统智慧。他们往往代表受压迫者和穷人这样做（事实上，政治传单就是从一些小丑活动中演化出来的）。用著名的宫廷小丑纳斯鲁丁（Nasrudin）的话来说："在现实生活中，我经常是头脚倒立的。"

图8-1　这是一幅宫廷小丑版画。宫廷小丑们用笨拙的装束和外表、搞笑的舞蹈和言语来嘲弄当权者。

　　大约十年前，我开始研究"逗趣"，对中世纪的小丑或愚人的深刻理解让我受益匪浅。他们体现出一种戏谑挑衅的评论模式，道出了什么是逗趣的本质。因为对这一轻佻的社会现象定义欠佳，对逗趣的科学研究也遭受阻碍。当科学家们依靠自然语言（也就是我们使用的词语）来捕捉一种基本上是非语言现象时，这种情况经常发生。这种现象的多层含义是辨别笑声的微妙时间，或者语速或语调的变化。

　　人们一致认为，逗趣是一种"玩笑式攻击行为"。然而，并不能说各种各样的玩笑式攻击行为都是逗趣行为。当一位乘客在火车上模仿哈普·马克思（Harpo Marx）骗钱时，无意中的玩笑式攻击行为就是一不小心胳膊肘碰了另一位火车乘客的鼻子，然后他又模仿剧中人物强夺别人的钞票，这显然不是在开玩笑（至少我希望大家不会这样认为）。关于"玩笑"的较为普遍的说法是模棱两可的。许多形式的童年游戏并不是逗趣，比如，角色扮演（扮演公主或日本忍者），翻滚打闹嬉戏，高度程式化的操场游戏，捉人游戏，以及老套的玩笑话和口头游戏。许多成人游戏也不例外，比如，我们讲有趣的故事，妙语连珠的对答，打趣而非逗趣的交流。

小丑和愚人的滑稽动作与游戏般的挑衅行为相差甚远。为了更贴切地进行科学探究，我和同事安·克林、丽莎·卡普斯（Lisa Capps）把"逗趣"定义为一种有意的挑衅，伴随着隐含的游戏标记。我们称之为挑衅而不是攻击，因为逗趣包含了一种旨在激发情感和辨别他人承诺的行为。这种挑衅在言语表达的内容或某种身体行为中表现得很明显，比如戳一下肋骨，捏一下脸颊，或者吐一下舌头。以一种有趣的方式逗趣，就像一种社会疫苗。疫苗是一种较弱的病原体（例如，天花），注射疫苗时，会刺激受体的免疫系统识别危险病原体并杀死它。这种逗趣旨在刺激接受者的情感系统，以揭示个人的社会承诺。

逗趣中更神秘的元素是逗趣语言没有表达出来的东西。这一系列的语言行为，我们称之为隐含标记。这些是非语言行为，围绕着敌意的挑衅展开的信号，无须逐字理解，要有一种游戏精神。在这里，我们将转向字面意义交流和非字面意义交流的哲学解释，寻找解释逗趣艺术的原则，建立愚人和小丑滑稽动作的哲学原则，并协助区分霸凌者和圣贤者。

格赖斯沟通原则中的是与非

在 20 世纪 60 年代中期，哲学家保罗·格赖斯（Paul Grice）概述了四条沟通原则，这些原则深刻地影响了语用学的研究。语言学是一门研究人们如何说话的学问。根据格赖斯的说法，真诚的交流包括一些需要逐字理解的语句。这些语句应该尽可能地遵循四个原则（见表 8-1）。第一，陈述应当遵循质量原则，它们应当真实、诚实，并以证据为基础。第二，陈述应该适当地提供信息，即遵循数量原则，避免过于冗长啰唆或晦涩难懂，这可谓背离"斯特伦克和怀特"[⊖]（Strunk and White）的文字大劫难。第三，遵循扣题原则，陈述应该与主题相关，避免离题、不相干或意识流文学的幻想。第四，遵循方式原则，陈述应该是直接、明确、切中要害的（如果我违反了这一点，我向大家表示歉意）。

遵循这四个简单原则的话语，可以记录在案，并逐字理解、认真对待。当一位医学博士为一种危及生命的疾病提供预后诊断时，她应该遵循以上四条记录在案的沟通原则。同样，当财务顾问宣布家族财产意外损失时，也不适合夸大其词、故意撒谎、幻想捏造、明显重复、离题、拐弯抹角、引人入胜的隐喻或诗意的迂回。实际上，我们的很多社交生活，比如浪漫的宣言、确认生意成交、工作中的批评、教训奔向炽热的火炉或疯狗的蹒跚学步的孩童，都是在这种正式沟通中发生的。

表 8-1　格赖斯沟通原则

沟通原则	规范	违规
质量原则	真实	夸张、荒诞的描述
数量原则	信息量	冗余、重复、过分简洁
扣题原则	关联	离题
方式原则	清晰	含糊、拐弯抹角、隐喻

⊖ 斯特伦克和怀特合著的《英文写作指南》，是一本指导简明英文写作规则的小册子。——译者注

当我们故意违反"格赖斯沟通原则"时，就表明有可能会出现对话语的不同解释。我们用我们的语言诠释格赖斯沟通原则的"是与非"，指出了我们话语中其他可能的含义。我们用明显的谎言或夸大事实的手段来表明"非"（这违反了质量原则）。我们可以提供太多的信息（如系统性的重复），也可以提供太少的信息，因而违反了数量原则。我们可以停留在无关的事物上，因而违反了扣题原则。我们可以求助于各种语言行为（如习惯表达、隐喻、间接引用等），因而违反了方式原则及其对明晰性和直观性的要求。

对于我们的社会生活来说，真诚的谈话同样重要，非字面意义上的交流也同样重要。我们的简短言辞所表达的意思可能与那些文字（如反语和讽刺）表达的意思相反。我们可以将跨越狭隘的字面意义（如比喻）的交际行为中的不同概念联系起来。我们可以赋予我们的话语无限的、美学上令人愉悦的多层含义（比如诗歌）。

具有讽刺意味的是，在语言学家布朗（Brown）和莱文森（Levinson）对礼貌的杰出处理时，格赖斯沟通原则与逗趣的关联变得清晰起来。在1987年出版的经典著作《礼貌》（*Politeness*）中，布朗和莱文森仔细剖析了礼貌在世界语言中的应用。当常见的言语行为可能使倾听者或说话者感到尴尬时，说话者会在口语中增加一些礼貌言辞。礼貌的实现途径是系统性地违反格赖斯的四大沟通原则。

想一想提出请求的简单行为是什么。如果有人问你时间，请你指路，让你捎一棵甘蓝菜，或请你在观看电影首映时不要这么大声说话，这种行为充满了潜在的冲突。接受请求的人是勉强为之，并且冒着被暴露为不称职、不礼貌或不通人情世故的风险。请求者也冒着被误认为粗鲁和不礼貌的风险。为了减弱这种请求和其他不礼貌行为（如建议或批评）的负面影响，人们会违反格赖斯沟通原则，让交流变得更加礼貌。假设你慷慨地邀请你最好的朋友参加周五晚上的排排舞聚会，他却大声喧闹、胳膊肘乱拐。为了让他克制一点，你可以礼貌地使用间接的问题："你见过自己跳舞的模样吗？"你也可以反问："你以前跳过排排舞吗？"你还可以使用隐喻："哇，你大吼大叫的，就像一只吼猴？"当然也可以拐弯抹角地说："我打赌你会成为一个很棒的小丑。"出于礼貌，我们打破了真诚沟通的原则。基于对非字面意义上的交流的分析，我们仔细研究之后发现，逗趣和礼貌居然是"近亲"，真是令人惊讶。

逗趣的艺术

小丑逗趣的娱乐天赋，就是对格赖斯沟通原则的系统性违反。逗趣的第一原则是夸张，它标志着逗趣的趣味性，偏离了格赖斯的质量原则。逗趣可能包括夸张的细节、过分的亵渎或夸张的角色塑造。在一项关于一个充满爱心的家庭谈话的研究中，当一个年幼的儿子说话不清楚的时候，母亲称他为"马嘴"。我们用戏剧性和夸张的音调变化来戏弄别人，用高音调的模仿来嘲弄别人的哀婉，用缓慢的、低音调的话语来嘲弄别人短暂的愚钝。在涉及孩子的玩具时，父母会用拉长的元音和夸张的音调说"我——的"来逗趣孩子们过度的占有欲。我们以夸张的形式模仿他人的行为，以此来逗趣他人，比如，青春期前的儿童的撒手锏，就是连续不断地对自己的父母翻白眼和拙劣模仿。

夸张是理解"同某人互相辱骂对方的亲友"的核心。20 世纪60 年代初，社会学家罗杰·亚伯拉罕斯（Roger Abrahams）在费城与年轻黑人孩子生活了两年，期间记录了这种复杂的、程式化的侮辱形式。亚伯拉罕斯发现，年轻的黑人男性，尤其是年龄在 8~15 岁之间的男孩子，常常采用经典的戏谑手法——骂娘——侮辱对方本人和对方的妈妈。这些仪式化的侮辱只发生在朋友之间，几乎只会挑起娱乐和游戏，而不是攻击。亚伯拉罕斯观察到，这种"对骂"游戏为男孩们提供了一个情境，让他们可以通过探索性别身份的方式来测试彼此，并让年少的他们变得皮厚起来，以便抵御他们在市中心所面临的约定俗成的敌意。"对骂"是"说唱"的前身，并采用夸张和其他非字面意义的信号进行押韵和重复。这里有几个例子：

> 不要谈论我妈，你会让我抓狂。
> 不要忘记你妈坐了多少个坏蛋。
> 她有的不是一个，她有的不是两个，
> 她有八个像你一样的坏蛋。

> 两个孩子掷骰子。
> 一个掷得七点，一个掷得十一点。
> 该死，他们不得进天堂。

重复是逗趣的经典元素，它违反了数量原则。如果一个朋友说你喜欢扭转脖子东张西望，真是个"橡皮颈"，或许你会骄傲得脸颊发红。但如果她说你总爱好奇地引颈而望，真不愧是个极其怪诞的"极品橡皮颈"，你可能会有点恼怒。因为这让你回想起你尝试用胳膊肘按摩颈椎，人们对此非议颇多，你想知道她说这话到底是什么意思，然后站起来准备为自己辩护。

在社交活动中有节奏地重复公式化的表达方式，就是逗趣的信号。这些语言行为是健康家庭日常生活的必备品。众所周知，父母会用重复的、公式化的表达（"这是你的狗粮"）来回避孩子们对晚餐的反抗，以此来淡化和先发制人地阻止他们尖锐的拒绝。

我们违反了方式原则（直接而明确），以无数种方式进行逗趣。惯用表达，锁定目标的特质和潜在问题的特征，如古怪的绰号和特定的关系短语，都是逗趣的常见元素。我们通过一些声音线索来违反行为原则，比如，抑扬顿挫的声音，响亮且快速的表达，夸张的叹息，以及比之前更响亮或更安静的话语。所有这些行为都偏离了直接而明确的原则。当然还有眨眼，这是隐含的间接象征。这个眨眼动作违反了简单直白的凝视的"真诚和真实"定位，还直面旁边的观众，这表明一切谈话内容都不遵循字面意义。

因为夸张、重复、惯用的短语、拉长的元音、语速和音调的变化、伸出舌头、适时的欢笑和对他人富有表现力的讽刺，我们违反了真诚交流的原则，而这一切都是为了逗趣（见图 8-2）。一方面，我们挑衅；另一方面，我们也巧妙地表明，可以对挑衅的言行做出非字面意义的理解。我们发出的信号是，我们不一定言出必行，我们的

图8-2　最明显的两种肢体语言是伸出舌头和手指在头部附近摆动，这表明，逗趣动作正在进行。在这幅版画中，我们可以看到中间一排的意大利式的逗趣姿势，就是把拇指放在鼻子上，并摇动手指。

行动是本着游戏的精神进行的。

语言学家赫布·克拉克（Herb Clark）观察到，当逗趣别人时，我们把这种互动设定了一个框架，将其视为一种有趣的、不严肃的社交行为。当我们带着轻松的笔调或风格逗趣时，逗趣就是一场游戏、一场戏剧表演、一场"引发哄笑"的谈话。如此，社会等级中的对手之间、浪漫伴侣之间、兄弟姐妹之间寻找独立空间的冲突，都变成了顽皮有趣的谈判。我们自由自在地挑起的巧妙逗趣，可以让我们看清彼此的承诺。正是因为巧妙逗趣，我们将社会生活中的许多难题转变成了提升仁率的机会。

礼貌的咆哮和呱呱叫

英国哲学家伯特兰·罗素（Bertrand Russell）认为，"社会科学的基本概念是权力，正如能量是物理学的基本概念一样。"权力是人际关系中的一个基本力量。

权力的等级制度有很多优势。等级制度有助于组织集体行动，这些行动对于收集资源、养育后代、防御和求偶都是必要的。它们提供了关于资源分配和劳动分工的开明且快速的决策机制（通常有利于掌权者）。它们为相关人员提供保护（对于那些不在等级制度之内的人则意味着危险）。

虽然等级制度的优势多，但谈判成本也高。等级和地位的冲突往往是致命的。雄性榕小蜂有着巨大的下颚，在争夺配偶和领地的冲突中可以巧妙地派上用场，在大多数情况下，它们会把对方劈成两半。当几只雄蜂要抢吃同一个无花果时，致命的战斗很快就发生了。在一个无花果中，可能会有 15 只雌蜂，12 只未受伤的雄蜂，以及 42 只受伤的雄蜂，后者已经死亡或即将死亡，它们的胸部和腹部都有穿孔。雄性独角鲸用钻头一般的巨型长牙来进行等级谈判。在某个等级的雄鲸争霸中，超过 60% 的雄鲸獠牙被折断，大多数头部有伤疤，或者獠牙的尖端嵌在下颚里。

鉴于等级谈判的巨大成本，许多物种已经转向象征性的战斗仪式。力量展示以象征性、戏剧化的形式进行，等级高低的谈判是通过暗示信号而不是昂贵的肉搏来完成的。马鹿的谈判是分阶段进行的，它们在秋季发情期用咆哮来确立自己的等级地位。我们可以假设，吼声更大、更频繁的雄鹿是个子更大、更强壮的马鹿，并享受随之而来的进化性好处——"妻妾成群"，但愿这也是一种快乐吧。这些雄性马鹿往往会连续几个小时咆哮，直到凌晨。为了更好地战胜同伴，它们经常在咆哮的过程中掉秤，但也胜过直接战斗、受伤和伤亡惨重。

众所周知，许多青蛙和蟾蜍利用呱呱叫声的强度来进行等级谈判。在一项实验中，有两只雄性青蛙，当它们旁边的喇叭播放低沉的呱呱叫声时，一只青蛙攻击另一只青蛙的可能性大大降低。因为它们都把喇叭声误认为是由大声带产生的低沉声音，这暗示着对方是一个异常强大的对手。

在人类中，逗趣可能是雄鹿的咆哮或青蛙的呱呱叫，这是一种仪式化的、象征性的方式，群体成员可以通过这种方式进行等级谈判。逗趣是一种戏剧化的表演，它明显要优于另外一种选择，即为了地位和荣誉展开暴力对抗。在这个思维的指导下，我和我的学生艾琳·希雷（Erin Heerey）试图将逗趣视为一种仪式化的身份竞争和地位争夺。我们面临的问题是如何捕捉这些短暂的地位争夺现象，这种竞争在年轻男性的更衣室、休息区和啤酒聚会上实在是太普遍了。如果让人们把他们的逗趣经历写成故事，就会遗漏掉逗趣的核心元素——非语言的、非正式交际的标记，这些标记塑造了逗趣的趣味性。我们可以追踪社会等级的形成，以及逗趣在顺其自然的社会群体中所扮演的角色。20 世纪 70 年代，里奇·萨文·威廉姆斯（Ritch Savin Williams）对男孩夏令营进行了一项出色的研究，他发现，那些上升到等级顶端的 10~12 岁的男孩就像那些占据统治地位的马鹿，确实会通过更多的逗趣来确立自己的地位。但我们想要捕捉微妙的、非常简短的、非语言的逗趣场景，就需要近距离的录像工作。

明白了这些研究目标，我们开发出一种"绰号型逗趣"的范例。绰号是亲密关系中的一种普遍的语言标志，它会出现在健康的婚姻、友谊、叔叔和侄女之间的玩笑关系以及工作关系中，无处不在。绰号往往集中在对方的小怪癖、小缺点和特异品质上，但却违反了字面直接沟通的准则，以 种可爱的方式挑衅对方（见表 8-2 中的例子）。这一连串绰号包括夸张、重复（头韵）和隐喻（最典型的是将个人等同于动物或食物）。绰号是让你逃避到游戏和假扮世界的"占位符"，在那里，我们可以开启玩笑式批评和模仿，而不会让对方感到冒犯。

表 8-2　体坛和政坛明星的绰号

拳王穆罕默德·阿里	路易斯维尔大嘴巴
乔·刘易斯	棕色轰炸机
罗伯特·杜兰	石手
杰克·拉莫塔	愤怒的公牛
Y.A. 蒂特尔	秃鹰
沙克·奥尼尔	大块头亚里士多德
凯文·麦克海尔	黑洞
杰克·尼古拉斯	金熊
拉里·约翰逊	大妈

（续）

比约·伯克	冰山
乔·布莱恩特	黏胶糖
克里斯·艾弗特	扑克脸小姐
肯·罗斯维尔	肌肉
约翰·艾尔维	ED先生
雅罗米尔·雅格尔	奶油坚果
凯思·伍德	愤怒的土豆
威廉·佩里	电冰箱
查尔斯·巴克利	空中飞猪
保罗·加索尔	西班牙苍蝇
安东尼·韦伯	小土豆
乔治·沃克·布什	布什四十三，杜比鸭，果汁甜酒，不管闲事儿的乔治
比尔·克林顿	回头的浪子，第一位"黑人总统"
理查德·尼克松	铁屁股，疯和尚
乔治·华盛顿	老狐狸，农夫总统
约翰·亚当斯	英俊的小约翰，花架子殿下，肥胖阁下
亚伯拉罕·林肯	诚实的亚伯，伊利诺伊猴子，伟大的解放者

我们的绰号范例是给受试者随机生成的两个姓名首字母，比如，A.D.，T.J.，H.F. 或 L.I. 等。然后，受试者的最终目的是根据这些字母为逗趣对象起一个绰号，并以相应的事实或虚构的故事来证明这个绰号的合理性。我们鼓励受试者不要担心，我们虽然给他们录像了，但不会把他们的视频发到网上或寄给他们的祖母。

作为一种等级地位竞争行为，逗趣是如何起作用的呢？为了研究这个问题，我找来了一个优等学生，名叫麦克·布拉德利。他是个机灵的年轻小伙子，也是威斯康星大学麦迪逊分校大学生联谊会的成员。该联谊会共有 75 名成员，他们的大本营就在学校附近门多塔湖畔一座古老的庄园里。在麦克的帮助下，我们带了四个联谊会成员到实验室，其中有两个地位高的"活跃分子"，他们是这个组织的正式成员；另外两个是地位低的新入会成员，他们用我们新出炉的绰号范例互相逗趣。这群人在 10 月来到这里，并招募新会员——就在苍翠的常绿树和飘零的落叶之间，就在五大湖上游瀑布映衬的蓝天之下。联谊会成员因他们的"逗趣勾当"而臭名昭著。当他们得知自己正在参加一项"逗趣"研究时，地位高的"活跃分子"舔了舔嘴，而地位低的"新晋会员"则垂下目光，带着会意的微笑摇了摇头，感觉到了即将发生的事情。

逗趣的语言从联谊会的成员口中流出，夹杂着一连串亵渎神灵的幽默歪诗，就像在历史和文化中观察到的仪式化侮辱一样。伟大的讽刺作家拉伯雷曾经描述了面包师和牧羊人之间争吵时使用的绰号，比如，夸张的手法（屁话一箩筐），反复的头韵（胡萝卜红毛怪，狗仗人势的狗腿子），间接的隐喻（愚蠢可欺的可怜虫），这些绰号表现出了他们的顽皮和嬉闹，也违背了格赖斯沟通原则。

> 学语小儿，龅牙，红发疯子，恶棍，屁话一箩筐，乡巴佬，狡猾的骗子，懒虫，花哨的家伙，酒鬼，吹牛大王，一无是处的废物，笨蛋，榆木脑袋，乞丐，偷鸡摸狗的人，狗仗人势的狗腿子，打肿脸充胖子的软蛋，游手好闲者，弱智者，豁嘴兔，牛棚客，可怜虫，碎嘴子，自负的猴子，饶舌家，臭屁篓子，狗屎牧羊人。

我们的受试者使用他们自己的土话，取了一些绰号，比如"火鸡怪人""小无能""人蝇""鸭脏""男悍妇"和"千金买醉"。这一连串逗趣短语包含了对可能扰乱联谊会的不良行为的警告。有很多提到了过度饮酒，大约 1/4 的逗趣针对的是嘲笑对象的生殖器，在讲述这个故事的背景下，通常有点不协调。有一个故事讲的是一个地位低下的新人会员，他的绰号是"约翰玉米卷"，向人们透露，这个新人是如何在快餐店的深夜盛宴上喝了 18 杯百加得酒而酩酊大醉的。接着，他就失踪了，后来有人发现他昏倒在卫生间里，手里还抓着他的生殖器。联谊会成员们互相提醒着道德底线：不要喝得太醉，不要暴露你的生殖器。

　　更深层次的编码集中在逗趣的挑衅性攻击上，很容易检测到它的攻击性和侮辱性内容，以及使逗趣变得不那么尖刻的隐含标记，比如声音的变化，有趣的面部表情，大笑，隐喻和夸张的使用。我们花了几个月的时间来编码这些 30~40 秒的逗趣场景，然后发现了一个思路清晰的关于身份地位和逗趣类型的故事，见图 8-3。地位高的活跃者会用更具侵略性和煽动性的方式逗弄每个人，尤其是地位低的新人，让他们安分守己。而地位低的新人实际上则是在恭维他们地位高的前辈，认识到活跃者地位的高不可攀。然而，尖牙利齿的活跃者猛烈攻击地位低的新人，毫无疑问是为了争得优势姿

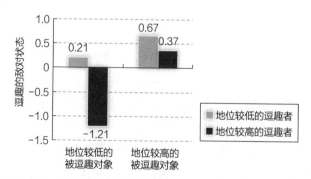

图8-3　在逗趣时，地位较高的成员比地位较低的成员更有敌意，后者在逗趣前者时表现得很矜持。

态。我们还发现，广受欢迎的新人被嘲笑的方式更加谄媚，他们中的一些人具有非凡的人格魅力和感召力，地位也在明显迅速上升。新学年伊始，在这个社团成立的几个星期内，30秒的玩笑就明显地划分出了地位等级。

如果有人研究这些逗趣性口舌战的文本，他们会预料到可能会遭遇冒犯、攻击，甚至是一两记拳头。相反，这些家伙一起歇斯底里地笑了起来。他们互相拍拍对方的背，开玩笑似地推推搡搡。他们咆哮着，指指点点，假装有攻击性。在某些时刻，他们会短暂地互相凝视对方的眼睛。事实上，我在20年的科学研究生涯中接触过数千名受试者，这项研究产生了两种异常现象。我接到了没有参与研究的联谊会成员给我的办公室打来的电话，在电话里，他们问我是否也可以参与研究。还有几个受试者问我，他们是否可以再次参与这项研究（这促使我做了一个相当枯燥的讲座，内容是科学如何需要对单个受试者进行独立观察）。

尽管有侮辱性的绰号，有关于"性反常"和暴露生殖器的侮辱性故事，但联谊会成员表示，他们对刚刚逗趣过且被其逗趣的三个家伙的评价高于联谊会其他成员。我对大笑和尴尬情绪的编码揭示了其中的原因。逗趣者和逗趣对象之间轮流吟唱型对笑或共享的笑声越多，他们就越喜欢对方。逗趣对象脸红的程度越高，表现出的尴尬程度越深，逗趣者就越喜欢逗趣对象。逗趣通常以逗趣者和逗趣对象之间和解的眼神交流而结束。"逗趣"这活儿如果干得好，就能提供一个平台，让人们以顽皮友好的方式来化解矛盾冲突关系，比如，等级制度中的排名。借由这个顽皮挑衅的平台，逗趣可以唤起短暂的情感爆发（哄堂欢笑，缓解别人的尴尬），推动更多的人提升仁率。

甜蜜的较量

几年前，我和家人在加州蒙特利附近一个凉爽的白色沙滩度假。就在我们堆起沙堆、在小波浪上冲浪、在充满泡沫的海浪中寻找沙蟹的时候，一群墨西哥裔美国青少年蜂拥而至，突然降临在这片宁静之地。他们穿着天主教学校的蓝裤子和熨烫过的白衬衫，在老师的监视下，按性别分开，排成整齐的单列队伍，走向海滩。在海滩上，在海浪声中，他们一度远离了享受片刻宁静的老师，闯进了一段青春期孩子特有的逗趣和嬉闹时光。

这五个男孩和六个女孩被逗趣的吸引力绑在了一起。一连串的掐捏、摸头、戳捅、推挤、斗嘴、嚎叫和欢笑，就像大海的声音一样有节奏。两个男孩会抓住一个女孩，一人抓她的胳膊，一人抓她的腿，托起她，在潮起潮落的海面上摇摆。三个抗议的女孩偷偷接近一个男孩，想把他的裤子扯下来。他用大把大把的沙子有力地回击了女孩们的进攻，还用海草在她们面前晃来晃去。他们偶尔还会玩狗狗扎堆游戏。在一次突然袭击中，一个女孩差点把一只死螃蟹投到一个男孩的裤子里。当老师叫他们回到大巴车上时，他们恢复了平静，排成了两队，一队是男孩，另一队是女孩。

当他们离开时，我五岁的女儿塞拉菲娜问我：“为什么那个女孩把螃蟹放在那个男孩的裤子里？”

我回答说：“因为她喜欢他。”

这个回答让塞拉菲娜目瞪口呆。于是，我咕哝了一些莫名其妙的话，比如，我们如何逗趣我们喜欢的人，格赖斯沟通原则，隐含语言的游戏王国。我还告诉她，我们的本意往往和我们说的或做的相反。我希望，塞拉菲娜从观看这部“青少年戏剧”中可以学到关于逗趣在亲密关系中所起的宝贵作用的智慧。

对于人类这个物种的生存来说，没有什么关系比亲密纽带更重要了。再也没有比亲密关系更充满冲突，更微妙脆弱的人际关系了。我们极其脆弱但脑容量大的后代，需要不止一个人照顾才能生存，因此，我们被束缚在长期照顾的关系中，这在我们的近亲灵长类动物中是绝无仅有的。从出生的那一刻起，直到走向生命的尽头，亲密关系充满了冲突、牺牲，以及需要谈判的问题。在亲密关系的早期阶段，“性策略”（短期交流或长期忠诚的兴趣）需要不断探索。随着孩子、家务和房贷的到来，伴侣们可能会觉得自己像是一个经理人，从一个危机走向下一个危机。正如《无事生非》中列奥那托所指出的那样，亲密的生活就是一场“甜蜜的较量”。

因此，我们用逗趣来解决亲密生活中的许多问题。我们挑逗着去调情，去探索别人的情感和“性兴趣”。莫妮卡·摩尔（Monica Moore）偷偷地在商场里观察青少年，发现他们像暴徒一样漫无目的地闲逛和闲扯，还时不时地爆发出一阵又一阵的哄笑。年轻的男孩和女孩会习惯性地转向对方的轨道，他们互相掐、挠、戳、挤，当然也创造了身体接触和短暂的相互凝视的机会，这在自我意识很强的青少年时期是普遍存在的。对于年幼的少年来说，逗趣是一出戏剧，在同伴们如剃刀般锐利的监视下，用荷尔蒙的贪婪寻找吸引力的蛛丝马迹。比如，脸红、噘嘴、甜美流畅的“有声的笑”，超过 0.45 秒的眼神接触，这些都为更正式的社会交流埋下伏笔。逗趣是通往一个好玩世界的入口，潜在的追求者可以在这里互相试探和挑衅。如果当时的青少年在身体接触方面受到更多限制，他们就会采取口水战的方法。比如，《无事生非》中的班尼迪克和贝特丽丝的第一次邂逅，这是他们坠入爱河的明确迹象：

贝特丽丝：班尼迪克先生，你怎么还在说话呢？可没人听你说。

班尼迪克：哎呦喂，我傲慢的小姐。你这是还活着呢？

贝特丽丝：只要这世上还有班尼迪克先生，傲慢就永远不
　　　　　会消失吧？再有礼貌的人，只要在你面前，还
　　　　　不得傲慢起来。

班尼迪克：这么说，礼貌也是个叛徒了。但有一点毫无疑
　　　　　问，那就是所有的女人都爱我，而你是个例外。
　　　　　别怪我心肠硬，因为说句老实话，我实在不爱
　　　　　她们，都不是我的菜。

贝特丽丝：那可真是女人们的幸运！否则她们会被你这个
　　　　　讨厌的求婚者折腾死的。我真感谢上帝和我这
　　　　　颗铁石心肠，在这一点上我们倒是臭味相投。
　　　　　我宁愿听狗儿向着乌鸦叫唤，也不愿听一个男
　　　　　人向我山盟海誓。

班尼迪克：就让上帝保佑小姐你永远怀有铁石心肠吧！这
　　　　　样，某先生就逃过被泼妇抓脸的厄运了。

贝特丽丝：就先生这副尊容，抓破脸也算是整容吧！

班尼迪克：呵呵，真稀罕，鹦鹉学舌倒挺快呀。

贝特丽丝：像我这样会说话的鸟儿，绝对胜过你那样爱攻
　　　　　击的野兽。

班尼迪克：我真希望我的马儿奔跑像你说话一样快，瞧你
　　　　　这滔滔不绝的劲儿，你继续，天呐，恕不奉
　　　　　陪啦。

贝特丽丝：你总在关键时刻掉链子，这把戏我早就见识过啦。

随着年龄的增长，当性伴侣搬到一起同居并分享日常生活的举

止时，他们发展出了自己的个人习惯用语，包括挑衅的绰号和逗趣的冒犯。伴侣们会对彼此的性倾向、身体机能、睡眠习惯、饮食习俗、过时发型等进行逗趣和冒犯，而本来这些东西对他们的婚姻关系构成了威胁。这些逗趣的冒犯标志着伴侣的怪癖和小毛病，如果走到极端就会反常和出问题，但可爱的小毛病依然会得到伴侣的独特欣赏。针对已婚伴侣的研究发现，语言中充满"逗趣型冒犯"的伴侣更快乐，并且长期预后更好。

浪漫伴侣的逗趣（昵称、仪式化的冒犯，等等）不仅标志着他们独特的亲密关系，还提供了一个假扮的领域，双方可以开玩笑地协商他们的分歧和冲突。为了探索这种可能性，我给在一起好几年的情侣们分配了一个任务，让他们互相取绰号，以此来逗趣。他们起的绰号中，大约有 1/4 涉及爱情的普遍隐喻，比如，把伴侣比作食物（苹果布丁）或小动物。在亲密关系的"甜蜜较量"中，再一次证明了逗趣的好处：越是生活美满的夫妻在逗趣方面越娴熟；他们更有可能在 15 秒的玩笑式逗趣中使用隐含标记——夸张、重复、模仿、玩笑式语调、音调变换、伸出舌头、扭曲表情。他们的亲密生活已经发展出一种非字面意义的、隐含的维度，他们可以很容易地转移到这种维度，去享受轻佻的轮流吟唱型对笑和假扮王国的轻松愉悦。我们发现，那 15 秒的玩笑式逗趣预示着那些伴侣在结婚 6个月后多么幸福。

在另一项研究中，我们研究了伴侣之间互相吹毛求疵的情况。我们确定了他们在关系中发生严重冲突的特定时刻，比如金钱问题、未来的承诺、不忠行为，以及关于他们如何共度时光的问题。很多时候，情侣们会用有理有据、正儿八经的大白话来表达批评之意，那些沟通语言能让任何语言审查委员会或当地修辞学家的满意。其他时候，伴侣们会用夸张的说法、仪式化的冒犯、玩笑式的模仿、取绰号、嘲弄式的愤怒或沮丧来逗趣对方。他们所要传达的内容是一样的，例如，一些挑衅性的批评，批评伴侣的一群"不怎么样"的朋友或责怪伴侣总是花太多钱，但以非字面意义上的方式表达出来，使用了隐含的标记去暗示他们所说的话不严肃的一面。那些爱开玩笑的夫妻不会诉诸直接且令人信服的方式，虽然最终也会愤怒地提出批评，但他们在冲突后会感觉更亲密，也会更信任他们的伴侣。玩笑式的戏剧化冲突是一种解毒剂，可以化解亲密关系中的恶毒批评。而逗趣是甜蜜较量的作战计划之一。

操场上的矛盾景象

1999 年 4 月 20 日（4 月 20 日是希特勒的生日），埃里克·哈里斯（Eric Harris）和迪伦·克莱伯德（Dylan Klebold）带着半自动武器和一份杀人名单进入科罗拉多州利特尔顿的哥伦拜恩高中，杀死了他们的 12 名同学、1 名教师，然后自杀了。在一次深刻的自我反省中，美国人对枪支、电子游戏和毒品提出了许多问题。哈里斯和克莱伯德制造了超过 99 个爆炸装置，并瞒着大人收藏了大量枪支，他们是《毁灭战士》（*Doom*）的狂热玩家。根据克雷格·安德森（Craig Anderson）和布拉德·布什曼（Brad Bushman）的研究，《毁灭战士》是当今已知的许多暴力电子游戏之一，它能缩小同情倾向，放大攻击性。哈里斯曾服药治疗抑郁症，之后他产生了许多关于杀人和自杀的想法。

在哥伦拜恩枪击事件发生后不久，我接到了一个咨询师的电话，他一直在那里帮助儿童。哈里斯和克莱伯德曾在哥伦拜恩高中被该校运动员欺负过。有人认为，这种霸凌行为得到了学校管理者的纵容，这一事实导致了许多针对校园霸凌的零容忍政策。在阅读我的研究报告时，她的深切担忧是，我说逗趣是好事，这是在纵容霸凌行为。

对于她的质疑，最简单的答案就是，霸凌的核心与逗趣无关。霸凌者所做的大多是暴力行为。他们折磨、打击、捆绑、偷窃、破坏。这些和逗趣没什么关系。

我们面临的更微妙的问题是学校操场上的矛盾景象。扫视任何一所小学的操场 15 分钟，你就会看到各种各样的逗趣场景，有轻松、好玩的一面，也有阴暗的一面。孩子们有逗趣的本能。这种本能出现得很早。例如，一位英国心理学家观察到，一个嬉皮笑脸的 9 个月大的婴儿愉快地模仿祖母的鼾声。和成年人一样，逗趣可以激起并标志着深厚的友谊。与此同时，逗趣也可能会变得非常糟糕。例如，人们发现，逗趣有肥胖问题的孩子，会对被逗趣者的自尊心产生持久的有害影响。

成效型逗趣和破坏型逗趣有什么区别呢？我们的研究数据得出了关于逗趣何时出岔子的四个教训，可以在操场或办公室使用。第一个教训是逗趣中的挑衅本质。有害的逗趣会带来身体上的痛苦，而且会瞄准个人身份的脆弱方面（例如，年轻人的失恋）。玩笑式的逗趣在身体上伤害较小，并且深思熟虑地针对目标身份中不太重要的方面（例如，年轻人的怪笑）。关于霸凌者的文学作品证明了这一点：他们用手指头戳别人的肋骨、用指关节用力揉搓别人的头、使劲拧别人的皮肤，还拿禁忌话题逗趣别人。对于那些巧妙的逗趣者来说就不是这样了，他们的逗趣比较轻松，伤害也少，甚至可以在挑衅中找到恭维别人的方法。

第二个教训是关于隐含标记的出现。比如，夸张，重复，发声模式的变化，滑稽的面部表情，等等。在关于逗趣的研究中，我们发现，同样的挑衅，加上我们非字面意义的语言（即隐含的标记），伴随的愤怒微乎其微，甚至产生了爱、愉悦和欢笑。同样的挑衅，如果没有这些标记，产生的主要情绪就是愤怒和冒犯。为了从敌对的攻击中分辨出有效的逗趣，请观察并倾听那些隐含的标记，它们是假扮世界与游戏王国的入场券。

第三个教训是社会背景。同样的动作，置于不同的语境，会产生截然不同的含义。比如，一个私人玩笑、一句批评的话、一次超长的凝视、在肩膀和脖子之间的一次接触。无论是在正式或非正式场合，还是单独在一个房间里或被朋友包围，这些行为在来自敌人或朋友时都会萌生不同的含义。逗趣的意义最关键的是权力。权力的不对称会产生恶意的逗趣，尤其是当被逗趣者无法通过胁迫或环境反过来挑衅逗趣者的时候。在联谊会的研究中，当我对 20 秒钟逗趣的面部表情进行编码时发现，超过 50% 的低权力成员表现出短暂的恐惧表情，这与低权力者被激活威胁系统的趋势一致，长期激活会导致健康问题、疾病和缩短寿命。霸凌者以盛气凌人的方式戏弄他人而闻名，这使得被逗趣者无法做出回应。在权力不对称型浪漫关系中的逗趣，是以欺凌的形式出现的。逗趣的艺术是为了实现互惠和来回交流。有效的逗趣者也会招致对方的逗趣回应。

第四个教训是，我们必须记住，逗趣，就像很多事情一样，随着年龄的增长会越来越成熟。从 10 岁或 11 岁左右开始，孩子们在认可世界上物体的矛盾命题方面的能力变得更加成熟。他们从非黑即白的推理（要么 / 要么），转向了对世界更讽刺、更复杂的理解。因此，任何懊恼的父母都会告诉你，孩子会在他们的社交技能中加入讽刺和挖苦。在这个年龄段被报道的欺凌事件数量急剧下降了一半。这种理解和传达反语和讽刺能力的转变，应该以靠谱的方式改变逗趣的基调。

为了记录这一点，我们在篮球训练营为处于两个不同发育阶段的男孩创造了一个互相嘲弄的机会。这个训练营是由我以前的学生经营的，他的名字很贴切，叫约翰·淘尔，名如其人，他曾经是圣托马斯大学前三甲的明星小前锋。在营地的晨练中，两个互不相识但篮球技术相当的男孩被分为一组，接着被召集到一起玩"高压锅"游戏。在这次训练中，每个营员都要尝试在三分线上做一个自由投篮：如果他投中了，他的球队就会赢；如果他投不中，他的球队就会输。在关键投篮之前的 15 秒内，每个营员的队友都扮演了球迷的角色，就像 NBA 球员必须在来自看台观众的嘲弄中表演一样。嘲弄型黑粉的任务是扰乱投手的思维 15 秒，试图让他失手。喝彩型球迷会说些鼓励的话，来鼓舞投手的士气。该球迷表演这个动作的区域是三分线左侧一个由彩带圈定的 2 英尺见方的场地，距离投手两英尺远。

　　果然，我们的球迷表现得就像一片痴心的 NBA 球迷一样。嘲弄者们做出的粗鲁手势是喝彩者的 10 倍以上。那些嘲弄者们指指点点，伸出舌头，咆哮纠缠，怒目而视，就像猿猴一样。相比之下，喝彩者们则直接从一本有关自尊自信的手册中得到启示：他们大声鼓励和鼓掌，并为投手加油的可能性是其他人的 5 倍。就在这 15 秒片段的嘲弄中，也只有在嘲弄中，我们看到了隐含标记的精妙运用。嘲弄者们，也只有嘲弄者们，不断地改变他们的音高，用非常高或者低的音调进行嘲弄。他们也诉诸重复手段，比如，"你投不中，你投不中，你投不中"。他们还采用了丰富的篮球隐喻行话，比如，"球打在篮筐上被崩了出来""关键时刻掉链子"，这些都不会出现在气氛更加热烈的情况下。

　　与 10~11 岁的男孩相比，14~15 岁的男孩用同样多的敌意行为（指指点点和刺耳的发声）进行嘲弄，但他们在嘲弄的同时更频繁地使用隐含的标记，比如，重复、变换发音和隐喻，这些都暗示了这是闹着玩的。结果取得了良好的效果。我们年长的营员是熟练的嘲弄者，比那些处于欢呼状态的年长男孩更有可能把自己的伙伴说成是一个新朋友。在嘲弄和投篮之后，无论进球还是投失，两个男孩的笑声都会交织在一起。他们会互相轻推对方的肩膀，或者友好地用肘部卡住对方的脖子。他们会温柔地互相推推搡搡，有时还会搂着新朋友的肩膀走向看台。

平行的游戏

关于阿斯伯格综合征，还有很多未解之谜，它表现为语言和认知能力的典型发展，但在社交领域，在与他人沟通和理解方面存在严重困难。为什么年轻小男孩患此病的概率是小女孩的3~4倍？这是一种疾病吗？或者，我们应该只是将其视为人体图谱中的另一种色调？

音乐评论家蒂姆·佩奇（Tim Page）一生都与阿斯伯格综合征相伴，他在一篇精彩的文章中揭示了这种疾病的本质，其实并没有什么神秘之处。最初，人们认为这种疾病是由于病人"一根筋"式的全神贯注于某种事物而引起。比如，佩奇的例子，让他走火入魔的事物包括：马萨诸塞州的城镇地图、报纸上的讣告、背诵1961年版《世界图书百科全书》的大部分内容以及苏格兰喜剧演员哈里·兰德（Harry Lander）的音乐（他曾在校报上公开宣称自己蔑视披头士乐队）。它表现在一种不寻常的社交风格上，通常表现为声音单调、缺乏眼神交流、厌恶接触，以及无所畏惧的社交怪癖。比如，佩奇喜欢在衬衫的每一个纽扣孔上都戴上兔子脚纽扣，这是美国人迷信的吉祥物。难怪，佩奇认为埃米莉·波斯特（Emily Post）的《礼仪》（*Emily Post's Etiquette*）是一种顿悟，是人们一步一步地进入复杂的人类社会的指南手册。

与此同时，对他人的无利害关系的漠视，也可以产生令人震惊的才能。维也纳的儿科医生汉斯·阿思伯格（Hans Asperger）曾经协助描绘了阿斯伯格综合征的本质，他观察到，"要在科学或艺术上取得成功，少许的自闭症是必不可少的。"对佩奇来说，自闭症让他对音乐有了深刻的见解。1976 年，他听了史蒂夫·瑞奇（Steve Reich）的《献给 18 个音乐家的音乐》（*Music for 18 Musicians*）之后，投入了 5 年时间做现代音乐极简主义研究，并最终成了音乐评论家。他观察到瑞奇的音乐境界，就像行云流水一般。

在童年的生日聚会上，佩奇对皮纳塔游戏（挂起来让小孩子挥棒子打的一种东西，打破了就有糖果掉出来）的感情要比他的同龄人更深。在他十几岁的时候，当他和对他感兴趣的年轻女孩待在一起时，他会滔滔不绝地说个不停，却没有眼神交流。关于他对他人的理解，佩奇写道："生活留给我的是惆怅的感觉，我的生命是在一种永恒的平行游戏状态中度过的，我就在别人身边，但却从未与别人有什么交点。"

对患有阿斯伯格综合征的孩子来说，所有的社交工具都是困难的，而所有这些都是仁率分子的贡献者——眼神交流，温柔的抚摸，理解他人的想法，尴尬或者爱，和他人一起玩想象力游戏，用微笑问候微笑，轮流吟唱型对笑。逗趣正如我和我最亲密的朋友兼同事丽莎·卡普斯一起进行的一项研究中揭示的那样。如果逗趣是一种戏剧性的表演，它的入口是非文字语言，其中情感、冲突、承诺和身份都可以进行玩笑式协商，这对阿斯伯格综合征儿童来说尤其困难。他们在想象力游戏、假扮伪装、采纳他人的观点以及逗趣的元素方面都有困难，尤其是非字面意义上的交流。

我们在研究中上门拜访了阿斯伯格综合征儿童及其母亲，以及对照组的儿童及母亲。我们让孩子们讲述自己的逗趣往事。然后，我们让他们用叫对方绰号的方式互相逗趣。孩子们的平均年龄是10.8 岁，这个年龄段的孩子开始发挥多重表达和讽刺的能力，可以将逗趣转变成一部令人愉快的社会戏剧。果然，对照组的孩子们描述了很多有积极味道的逗趣经历，因此他们把握了青春期前的人际关系和道德观念。相比之下，阿斯伯格综合征儿童叙述的经历大多是负面的，很少涉及人际关系和社区归属感。我们煞费苦心地编写父母和孩子之间简短的逗趣式交流时，也由此找到了原因。阿斯伯格综合征儿童在逗趣母亲时和对照组的儿童一样充满敌意，但他们没有表现出任何非文字意义上的天赋，如夸张、重复、韵律转换、有趣的面部表情、模仿、标记性的手势、隐喻。我们还发现，这些逗趣的困难可以归因于阿斯伯格综合征患儿难以从别人的角度看待问题。

佩奇在总结他和阿斯伯格综合征患儿共处的日子时，反思道：

> 我不能假装阿斯伯格综合征没有让我的生活变得痛苦和孤独！我今晚怎么睡得着呢？我希望，年幼的阿斯伯格综合征患儿可以从最近的相关文献中了解到，这个世界没有我所经历的那么多考验。

正如我们的一个阿斯伯格综合征患儿所说："有些事情我不太了解，逗趣就是其中之一。"如果没有逗趣，孤僻的孩子就会错过社会生活的一个层面，也就是戏剧性表演的层面，而在那里，人们的感情得到体现，角色得到确定，冲突得到解决，所有这些都要依靠非字面意义上的"花言巧语"才能完成。他们错过了逗趣给我们带来的东西（共享的笑声、顽皮的触摸、仪式化的和解、他人的视角），那是一种超越平行游戏的、有交点的生活。

第九章 触摸

传染性的仁义值

在约翰·休斯敦（John Huston）执导的《浴血金沙》（*The Treasure of the Sierra Madre*）中，亨弗莱·鲍嘉（Humphrey Bogart）厌倦了在墨西哥东部港口坦皮科的美国侨民那里蹭烟蹭饭，于是和另外两个运气不佳的探矿者在内华达州的干燥山区扎营，寻找黄金。随着金粉袋子的重量和数量不断增加，这三个人面临着一个古老的进化问题：如何在非亲属之间建立和维持信任？在他们高高的丛林营地里，开采的机会是无限的。在一天的泥土搬运之后，趁着两个伙伴在沉睡中，第三个人带着黄金快速逃离了。在沙漠峡谷中掀起了一场无声的谋杀，两个人联合起来对付第三个人。面对自我利益的剥削，一群绝望的探矿者报团取暖，对愿景的热情，对工作的爱，对饮食、衣着、农场和白色尖桩篱墙的憧憬，对新获得的财富的渴望，与合作伙伴们的欢笑、戏谑、互拍后背和坚定握手，把他们团结在了一起。

当一个矿井坍塌时，鲍嘉的头部受到了重击。像迈布里奇一样，他的思想转向了"狗咬狗"的生存方向，他带领这个群体进入了不信任和剥削的噩梦般的战斗。在沙漠中，人们各种举动都可能引起别人的猜疑。友谊的语言，比如"老兄""朋友"和昵称，变成了尖锐的、没有人情味的"直呼其名"。对假想他人利益的怀疑逐步升级为用枪指着对方的冲突。

这种"高山戏剧"与合作进化的核心动力没有交点。在由追求自身利益的个人组成的社会群体中，合作、善良和"仁"怎么会出现呢？当我们解读了以牙还牙策略之后，就可以在"善良可以传染"的假说中找到答案。简单地说，当"仁"快速传播时，当个人可以轻易向他人表达善良意图，且当此人的合作意向可以唤起他人的相似倾向时，合作和友善就会在团体中生根发芽。如此，人们就不太容易体验到向竞争对手慷慨时的代价，而更有可能享受到相互合作的成果，比如，资源的互惠交易，幼儿养育的共享，等等。

人类已经进化出了一套行为模式，可以将善良从一个人传播到另一个人，让"仁"快速传播起来，从而启动了强化互惠合作的行动。这些行为必须是强大而迅速的，以对抗大脑的自动倾向，即感知到附近的威胁、危险和竞争，即其他人类的利己主义狂热症候群。这些行为需要对他人的身体起作用，将神经系统从其强有力的、触发快乐的战或逃倾向转移到更有利于合作和友善的生理状态。这些富有感染力的行为需要易于使用，并能适应我们的原始人类祖先每天近距离的互动。作为合作和信任的信号，这些具有感染力的行为必须易于察觉，且不易伪装。

对触觉的科学研究发现，触觉模态是一种理想的媒介，借助触摸，个体可以向他人传播善意。我们可以很容易地在群体生活的亲密环境中使用触碰，比如，在狭小的空间中谈判，一起工作，与竞争对手逗趣，或者分配稀缺的资源。触摸会触发受者体内的生物化学反应，比如，增加眶额皮层的激活和杏仁核的钝化，减少与压力有关的心血管反应，增加像催产素这样的神经化学物质，所有这些都能促进人与人之间的信任和善意。我的研究表明，触碰是同情、爱和感激的主要语言，而这些情感是信任和合作的核心。要理解为什么触摸可以让"仁"快速传播，我们必须首先看看人体最大的器官（皮肤）和神奇的五指（我们的手）的进化过程。

皮肤和手掌

随着人类超级发达的社会属性的发展，我们的信息交流器官的形态也发生了变化。触摸也是如此：我们皮肤和手的进化转变，导致触摸在人类超级发达的社会关系中扮演了核心角色。第一个巨大的变化是我们大部分的体毛都消失了，用德斯蒙德·莫里斯（Desmond Morris）的名言来说，我们变成了"裸猿"。为什么呢？你可能会被"水猿假说"所诱惑，即在人类进化的一段时间里，人类实际上像水生类人猿一样主要生活在水中，因此像其他水生哺乳动物一样失去了毛发，如海豚和鲸鱼。这个假设很容易迎合我们喜欢在炎热的夏天懒洋洋地躺在水中的酷爱感觉，以及你与鲸鱼和海豚交流的奇妙感觉，但这几乎没有什么进化意义。正如尼娜·雅布伦斯基（Nina Jablonski）在她的《皮肤》（Skin）一书中所指出的那样，非洲大草原上的水坑是非常危险的地方，到处都是快速攻击、撕咬猎物的掠食者，对于那些像我们的原始人类祖先那样水性不太好的物种来说，更是如此。如果我们是水生猿类，我们不会在适者生存的游戏中表现得那么出色。

对于人类脱毛的一种解释并不那么华丽，但却非常理智：我们的毛发是在人类进化过程中为了达到体温调节的目的而脱落的。在人类早期进化的地方，也就是非洲大草原上，厚厚的体毛会让人感到非常炎热。重要的是，在炎热干旱的环境中，我们越来越依赖遍布皮下的汗腺系统来保持凉爽。在没有毛发的情况下，这些腺体能更有效地发挥作用。

在人类脱毛进化的过程中还产生了一个副产品，即皮肤进化成了连接人类内部世界和外部世界的最显著的交界面（见图9-1）。皮肤是我们人类最大的器官，重约6磅，占地约18平方英尺。它有明显的分层，装下了一个名副其实的"生物工厂工业区"，完成了对人类生存至关重要的几个功能。皮肤下面是由血管、汗腺、毛囊和周围肌肉组成的丰富网络。有些细胞会产生一种叫作"角蛋白"的蛋白质，增强了皮肤的强度和弹性。有一种被称为"移入细胞"的细胞在发育过程中从身体的其他部位进入皮肤，并完成三个任务。"黑色素细胞"产生皮肤的色素，也就是黑色素，以保护我们的身体免受紫外线的伤害。"朗格汉斯细胞"是人体免疫系统的一部分，代表着我们身体对病毒和细菌的第一反应。最后，"默克尔细胞"位于皮肤感觉神经的末端，是对触摸做出反应的细胞。其中一些细胞，尤其是手臂、面部和腿部的细胞，似乎能对缓慢、轻微的触碰做出反应，并可能参与由其他细胞的接触而触发的阿片类物质的释放。皮肤是我们抵御外部世界有害物质的保护伞，比如，锋利的树枝、紫外线、细菌和病毒。把坏东西挡在外面很重要，把好东西带进来也是很重要的。

同样重要的是，人类手部形态的变化同样促进了触觉与情绪语言的发展。随着人类开始直立行走，人类的手发生了巨大的变化。我们获得了与其他手指相向而握的大拇指，其他手指也进化得更加

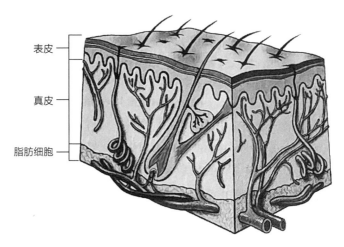

表皮

真皮

脂肪细胞

图9-1　皮肤的层理

灵活。黑猩猩的拇指在整个手掌中所占的比例，要比人类的拇指小得多。与黑猩猩和倭黑猩猩不同，人类能够在拇指和食指之间进行"精确抓握"，并能用整只手进行"有力抓握"。最明显的是，这些手部形态上的变化，使原始人类祖先成为灵长目动物进化过程中第一批真正的工具制造者，可以制作复杂的箭头、衣服、篮子等。在这个过程中，我们发展出了极其有用和富有表现力的双手。我们的手使我们能够精确地指明方向，这是孩子对语言指代性的理解的关键部分，即词语指代事物。通过手和手指的精细动作，我们学会了用象征性的手势来表示不同的物体和状态，而这些手势可以翻译成文字。我们很快就会看到，我们学会了用手去执行特定的触觉技能，以传达我们内心的状态。

　　皮肤和手的进化是为了适应高温环境和使用工具。除了这些务实的收获，原始人类祖先还进化出了一种交流系统，该系统后来成为人类建立和维持联系的核心。最明显的是，皮肤是亲密接触和两性关系的平台。它是一种媒介，冲突中的个人通过这个中介来疏解争斗，比如，拧捏、捅戳、拳打脚踢。我们把手放在皮肤上，以表达抚慰和安抚的意图。皮肤的亲密接触是一种核心媒介，借助它，一个人的善良可以传播给另一个人，高仁率很快成为群体中的基本取向。

频繁接触的妙处

最迟从古希腊和罗马帝国时代开始，人类社会中出现了"信仰疗法"。其治疗技能的核心技术就是触摸疗法。最近的神经科学表明，信仰疗法最起码在对触摸的应用方面是合理的。科学家们已经认识到，触摸是一种基本的奖赏，就像夏天桃子最甜美的味道或盛开的茉莉花的香味一样强烈。这一观点的先驱是剑桥大学的埃德蒙·罗尔斯（Edmund Rolls），他研究了大脑的一个区域，即眶额皮层（OFC），这让我们回想起埃德沃德·迈布里奇，他的这个区域在东德克萨斯的一场致命的马车事故中受损。罗尔斯的论点是，大脑的这个区域处理关于基本奖赏的信息，帮助个体适应他们的自然环境和社会环境，如此，他们的行为模式可能会带来更多有益的社会接触，更多营养丰富的食物搜寻，等等。他发现，甜味和愉悦的气味会刺激 OFC 的活动，特别是对于饥饿的动物。他的研究不仅于此。他还证明，用柔软的天鹅绒布触摸手臂就能激活 OFC，这对我们理解如何获得奖励非常重要。这是一个了不起的发现：触摸（当然是正确的触摸）是一种强大而直接的奖励，就像巧克力或母亲的气味对婴儿一样，属于首要的强化物。触摸是愉悦的色彩体系中的一种原色，深深根植于我们的神经系统。

进一步的科学研究已经发现，触摸（还是正确的触摸）会引发一连串奖励性的生物化学反应。例如，在一项研究中，受试者接受了 15 分钟的瑞典式按摩，这种按摩在水疗中心很流行，目前在目光长远的机场更是备受赞赏。当受试者的默克尔细胞接受愉悦的按压时，他们就会满血复活。如果陌生人给你快速按摩（从颈部到肩膀），就会触发催产素的释放，这种神经肽能够提升人们的忠诚和信任。还有研究发现，按摩像百忧解（一种治疗精神抑郁的药物）一样，可以提高神经递质血清素的水平，并降低压力荷尔蒙皮质醇的水平。触摸似乎也会在接受者体内释放内啡肽，这是愉悦和疼痛缓解的自然来源。

触摸会激活眶额皮层，释放催产素和内啡肽，这是社会联系的生物平台。同样重要的是，最近对老鼠母性行为的研究表明，在生理上触摸行为对触摸者是有益的。老鼠妈妈花了很多时间来舔它们的幼崽，并且和它们的后代进行鼻子对鼻子的身体接触。最近的研究发现，老鼠妈妈经常舔它们的幼崽，经常抚摸它们的后代，在身体接触中会产生大量的多巴胺。多巴胺是一种与追求奖励有关的神经递质，它是我们感官愉悦体验的基础。隐含的意思是，当我们触摸时，我们也会感到一阵愉悦。

谢天谢地，触摸的好处不仅限于老鼠幼崽。例如，科学家们发现，如果鼓励患抑郁症的母亲经常抚摸和按摩婴儿，抑郁症的症状就会减轻，并开始更多地和孩子玩耍。志愿给婴儿按摩的老年人报告说，他们的焦虑和抑郁有所减轻，幸福感也有所提高。

因此，人类被赋予了一种取之不尽的奖励资源，即触摸。即时触摸可以填补我们的日常生活，让我们给予他人快乐、奖赏和鼓励。实验性研究发现，当老师被随机分配去触摸他们的一些学生，并友好地拍拍他们的后背时，那些接受奖励性触摸的学生在课堂上主动发表评论的可能性几乎是其他学生的两倍。当医生被实验分配去触摸一些病人时，那些得到温暖触摸的病人去看医生的时间估计是其他病人的两倍。在借书时被图书管理员触碰的学生，比那些没有被图书管理员偶尔触碰的学生，对图书馆表现出更积极的态度。触摸就是原始人类交往的制高点。

触摸和茁壮成长

世界肢体接触研究专家蒂芙尼·菲尔德（Tiffany Field）在其著作《肢体接触》（*Touch*）中，讲述了在养老院发生的感人故事。两名老人，一男一女，在晚餐时间失踪。人们很快就发现，他们在一个小杂物间里，像老朋友一样拥抱在一起。工作人员很快认定他们是"性犯罪者"，并阻止他们进一步接触。他们与世隔绝，远离朋友和家人。几周之后，他们就去世了。

我们断言触摸对人类的身体和精神活力至关重要，甚至一点都不需要严格的实验证据。关于这一主题的一些最早的系统观察来自对孤儿院的研究，仅在 75 年前，孤儿院的婴儿死亡率徘徊在50%~75% 之间。在一家由一位热情友好且充满柔情的德国妇女经营的孤儿院里，婴儿茁壮成长。而在另一家孤儿院，孩子们得不到抚摸，孤儿们营养不良、体弱多病，死亡的可能性更大。在一项更系统化的比较中，澳大利亚医生蕾妮·施皮茨（Renée Spitz）评估了两所孤儿院的婴儿的表现：一所是由女性囚犯充当母亲替身，另一所是弃婴孤儿院。这两所孤儿院里的婴儿都能吃得饱、穿得暖，还可以保持清洁卫生，弃儿可以更好地获得医疗服务，生活在更清洁的环境中，但他们被剥夺了触摸的机会。在预期寿命和认知发育方面，这些弃儿的表现更差。

更严格的研究得出了更惊人的结果，说明触摸对茁壮成长有多重要。蒂芙尼·菲尔德发现，给早产儿做按摩，会使婴儿体重平均增加47%。在另一项研究中，研究人员观察了30名婴儿在一项痛苦的采足跟血（医生会用针刺新生儿的脚跟）过程中的状态。在一种情况下，婴儿由母亲抱着，全身肌肤接触。在另一种情况下，婴儿被裹在婴儿床里。在采足跟血的过程中，被触摸的婴儿哭闹的次数比对照组的婴儿少82%，作苦相的次数也少65%，而且在这个过程中的心率更低。

触摸不仅改变了我们与压力相关的生理机能，还改变了潜在生理系统的发展，使得人类对压力的反应更加灵活和强烈。对压力的反应是由中枢神经系统中的两组神经元控制的。其中，第一组神经元位于视丘下部的室旁核中，投射到垂体前叶，垂体前叶产生促肾上腺皮质激素（ACTH），导致肾上腺释放应激激素（糖皮质激素）。第二组神经元位于杏仁核，投射到蓝斑区域，当受到刺激时，蓝斑区域会导致去甲肾上腺素的释放。这些相应的神经元最终会刺激肝脏、心脏和循环系统以及不同的器官。然后这些器官开始工作（例如，肝脏增加葡萄糖输出以维持稳定的血糖水平），以支撑与精神压力相关的行为。

在一项令人震惊的研究中，达琳·弗朗西斯（Darlene Francis）和迈克尔·米尼（Michael Meaney）研究了老鼠妈妈（或者说母鼠）对幼鼠的舔舐和梳理毛发的定式是如何改变下丘脑－脑垂体－肾上腺（HPA）中枢的发育的，这是身体的应力系统（见图9-2）。在研究中，弗朗西斯和米尼首先鉴定出了那些对幼鼠舔舐和梳理程度很高的老鼠妈妈。他们观察了舔舐、梳理、老鼠妈妈趴在老鼠宝宝上方护体，以及各种哺乳姿势。他们对这个产后家庭的触觉行为进行了评估，每天5次，持续6~8天。舔舐和梳理相对较少，约占妈妈和宝宝互动的 10%（最常见的产后观察是没有接触或弓背哺乳）。每个妈妈舔舐和梳理宝宝的次数差异很大。妈妈抚摸宝宝的次数会产生深远的影响。

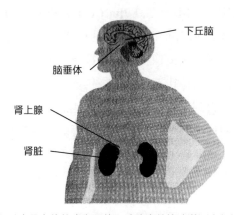

图9-2 HPA中枢。它是身体的应力系统。威胁事件快速激活杏仁核，杏仁核给下丘脑发信号，并启动一连串的生理学事件，让身体做好战逃准备。下丘脑分泌出促肾上腺皮质激素的释放因子（CRF），刺激垂体前叶腺体释放出ACTH进入血液，两分钟后，促肾上腺皮质激素到达肾上腺，肾上腺释放出应激激素进入血液，刺激全身各个器官的战或逃反应。

弗朗西斯和米尼发现，舔舐和梳理毛发的妈妈会很大程度上改变后代的 HPA 中枢。它们培育出更能适应压力的幼鼠。成年后，经常舔舐和梳理毛发的母亲的后代在受到压力约束时，ACTH 和应激激素皮质酮的水平会降低。它们表现出更少的惊吓反应，更倾向于探索新的环境和食物。也许最引人注目的是，它们显示出大脑中与压力相关的神经元的受体水平下降（蓝斑区的促皮质素释放因子受体和杏仁体的中枢苯二氮卓受体减少）。因此说，触摸改变了这些动物的神经系统。在幼鼠的生命中，早期触摸会使幼鼠在以后的生命中对困境更有承受力，也更冷静，并赋予其更强大的免疫系统。

当然，要对婴幼儿们的触觉和 HPA 中枢进行这种精确的研究，几乎是不可能的。然而，最近的一项研究表明，触觉可以减轻压力相关的生理反应。吉姆·柯恩（Jim Coan）和里奇·戴维森（Richie Davidson）让受试者等待一阵痛苦的白噪音（这是压力的来源），同时躺在功能性磁共振成像扫描仪中接受脑部拍照。在控制组的受试者中，这一紧张的等待期触发了杏仁核的激活，这些受试者的大脑对威胁的反应得到了很好的复制。其他的受试者们等待白噪音爆发的同时，他们的恋人触摸着他们的手臂。这些受试者的杏仁核对威胁没有反应。触摸关闭了大脑中的威胁开关。

触觉已经闯入了我们日常生活的方方面面。拍背、握手、把手放在别人的肩膀和手臂上，以及顽皮的肘部轻推，我们几乎都是在这些不经意的动作中度日的。然而，这些接触改变了其他人的神经系统，使其朝着更有利于提高仁率的激活模式发展。抚摸皮肤上的触觉敏感神经元，会向大脑的一个奖赏区域（眶额皮层）发出信号，这一区域会激活催产素和内啡肽的释放。同时，愉快的触摸减少了 HPA 中枢的激活，而 HPA 中枢是压力和焦虑的来源。米开朗琪罗说过，触摸就是"赋予生命"。

触摸和信任

和许多美国家庭一样，当我们的孩子还很小的时候，我们也给孩子做了睡眠安排。这种安排会让一个狩猎－采集文化的家庭或一个循规蹈矩的维多利亚时代家庭感到难以置信。这在一定程度上是因为我们在睡眠哲学的两个极端之间挣扎。前者家庭成员的身体一个挨着一个地睡觉，这是一种古老的、近乎普遍的做法；后者是维多利亚时代的创新，就是让孩子们独自睡在黑暗的房间里，即使孩子们觉得房间里充斥着怪物和恶魔的模糊影子。

在这种文化矛盾下，我们自然而然地按照精致的就寝仪式来哄我们的两个女儿娜塔莉和塞拉菲娜入睡。当她们很小的时候，比如4岁和2岁，我们的睡前仪式要花一个小时，包括：两个（有时是三个）童话故事和两个我的童年故事（我12岁之前），这些故事包括某种哺乳动物、我的一些滑稽动作和微妙的寓意，为每个女儿唱一首歌，然后，坐或躺在每个女儿的身边。当然，一个人能讲的好故事只有这么多，选择最好的童话故事也会让父母的想象力经受严峻的考验。像许多父母一样，我经常在睡前仪式上黔驴技穷，不断幻想着走出家门去搭顺风车周游乡村。而作为一种打发时间的方式，我开始采用数时间的方法，直到她们到了青春期才将我赶出了她们的闺房。

触摸救了我！晚上的睡前仪式快结束时，我的小女儿塞拉菲娜（她出生时手先出来，头顶后出来）更喜欢我坐在她的床边，我确实这么做了，心中满怀期待。原因是：当她睡着之前会轻轻地抚摸我的脑后靠近脖子的头发，然后倒头再睡。她抚摸的目标区域接近我的脊髓顶部，那里是迷走神经的发源地，充满了催产素受体。我相信这种接触模式会刺激到迷走神经。我们从事的事业与古代进化起源有关。当她终于闭上眼睛，进入黑暗中梦幻般的宁静时，我伸出了我的保护之手。她给了我脖子后面最愉悦的触摸，这种触摸有力地触发了我的亲社会神经系统——眶额皮层、后叶催产素（我仅有的一点点）和迷走神经，正如我常常体验的那样。

正确的触摸会创造信任和长期的合作交流。值得注意的是，正确的触摸不是某个叔叔把你的脸捏得发紫，也不是某个恶霸把你的胳膊扭疼。通过奖励功能，触摸可以成为亲戚朋友之间交易关系的黏合剂。弗朗斯·德·瓦尔（Frans de Waal）是最早系统性地记录这一现象的人之一，他研究了触摸在黑猩猩食物交换模式中的作用。果然，黑猩猩用触摸作为奖励，也作为求爱的手段。德·瓦尔观察了圈养的黑猩猩 5000 多次分享食物的例子，仔细观察了群体中谁与谁分享食物的固定方式。黑猩猩就像我们的原始人类祖先一样，有着强烈的分享欲望，会避免囤积食物。德·瓦尔发现，黑猩猩更有可能与那些先前与它们分享的黑猩猩以及那些在当天早些时候为它们梳理毛发的黑猩猩分享。它们会有条不紊地用"卡路里"交换"触摸"。

人类的情况也是如此：触摸会激发信任和慷慨之情。在一项研究中，实验者要求受试者签署一份请愿书，以支持一个当地的重要议题。那些在签名时被触碰的受试者，有 81% 的人签名。而那些在请求签名期间没有被触碰的人，自愿签名的比例为 55%。在最近的一项研究中，罗伯特·库兹班（Robert Kurzban）让一个受试者进入囚徒困境博弈的游戏，该博弈让受试者有机会与其他玩家竞争或合作。当他们准备博弈的时候，实验者轻轻地触摸受试者的背部，以友好的方式，营造出一种信任和慷慨的气氛。这个看似无关紧要的举动足以使博弈的基本框架从竞争转变为合作。那些被触碰的受试者们更有可能合作。

世界各地的问候仪式都涉及了触摸（肢体接触），这并非巧合。伊尔纳斯·艾堡－艾比斯菲尔特（Irenäus Eibl-Eibesfeldt）用偷拍技术记录了非洲、亚洲、欧洲、新几内亚和其他地方的问候仪式。初次接触（以礼仪性的方式）会引出许多促进合作的肢体语言，比如，顺从的鞠躬、微笑、摊开双手的合作手势。但最系统的模式就是触摸和皮肤接触，比如，各种形式的握手、胸对胸的拥抱，还有比老鼠妈妈和宝宝之间更微妙的各种亲吻方式。触摸和信任是相伴而生的。

触摸和传递善意

如果在对道德和人性本善的科学研究中有一个共识的话，那就是同情、爱和感激等情感，这些是人类日常生活中"仁"的驱动力。对查尔斯·达尔文来说，同情是一种基本的道德情感。

在这种说法的鼓舞下，十年前，我开始研究非语言表达的同情（或者我称之为怜悯）和感激。这两种情绪都涉及对提高他人福祉的强烈关注，以及为他人服务而将自身利益需求置于次要地位的意愿。为了使合作在群体中传播，"善良可以传染"假说会建议，同情和感激应该具有可靠的和唤起感情的信号，使群体成员容易辨别出他人的合作意图，同时感受到利他主义倾向，唤起他人心中的合作倾向。

同情和感激的非语言表达，可以在其他灵长类动物和哺乳动物身上找到证据。另外，我们也有理由在人类神经系统的科学实验中找到这些情感进化的证据。所以我开始寻找这些情绪的迹象，转而求助于我最熟悉的东西——面部表情。我专注于同情，相信我会记录下这种情绪的独特面部表情。这项研究的基础是南希·艾森伯格（Nancy Eisenberg）的一项重要发现，即当人们感到同情并倾向于帮助需要帮助的人时，他们会表现出紧锁的眉头和紧绷的嘴唇。当我把这些图片展示给受试者，并让他们判断面部表情时，我的希望破灭了（见图9-3）。受试者们不能确凿地理解"同情脸"的人属于哪种情感。幸亏有几个人表示了同情和怜

图9-3　同情的面部表情

悯，这让我燃起了希望。然而，绝大多数人说的是这样的话："她看起来很专注"或者"很困惑"。还有一些人主动回答说："她喝醉了""她被石头砸了一下"或者"她便秘了"。这些状态当然没有提供任何线索来证明情感的最高尚之处——同情及其进化过程。

作为一个合格的情绪研究者，我转向了下一个研究得最好的情绪交流方式——声音。我和莉亚娜·西蒙－托马斯（Emiliana Simon-Thomas）让 22 个不同的人发出声音，他们会用这些声音来交流各种不同的情感，包括同情、爱和感激。我们取得的成果寥寥无几，不过也并非一无所获。当我向一群受试者展示这些表达同情、爱和感激的声音，并让他们判断每个声音中的情感时，大约 50% 的人能正确地识别出表达同情的声音中传达的同情（见图9-4），但他们不知道怎样理解这些爱和感激的声音。最亲社会的情绪似乎不会在面部表情和声音中体现出来。

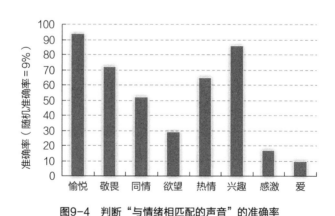

图9-4 判断"与情绪相匹配的声音"的准确率

值得庆幸的是，研究生们带着浓厚的兴趣来到了我的实验室。德堡大学的教授马特·赫滕斯坦（Matt Hertenstein）建议我们关注触觉话题。也许正是通过触摸，我们传达了这些最亲社会的情感，而这些情感对仁善的传播至关重要。当然，对触觉、眶额皮层、催产素、杏仁核反应减弱和皮质醇降低的研究也表明了这一点。也许威廉·詹姆斯（William James）的观察结论是正确的，"触摸就是全人类的友爱表白"。所以，我和马特设计了一个实验，动机是一个简单的问题：我们能否通过触摸来传达同情、爱和感激之情？

显然，这项研究的总体要求是直截了当的，一个人（触摸者）将被赋予向另一个人（被触摸者）传达同情、爱、感激和其他情感的任务。被触摸者只能依靠触觉信息来做出情感判断。我们研究的第一次实验是一场灾难。在这次实验里，我们的被触摸者被蒙住了眼睛，戴上耳塞，坐在实验室里。触摸者得到一份包含 12 种情绪的清单，包括同情、感激和爱，他们的任务是以合理的方式触摸被蒙住的人，从而传达这些情绪。被触摸者处于感官被剥夺的状态，他知道即将降临到自己皮肤上的 12 种情绪，他的任务是挑选一种与刚刚发出的触摸最匹配的情绪词。

这项研究与其说像科学，不如说更像是表演艺术场景。其中一组受试者发现这是一种折磨，静静地坐在一个看不见图像、听不到声音的世界里，随时准备被愤怒的人戳一下，或者被怜悯的人抚摸一下。还有一部分学生，通常是男性，发现这项研究令人陶醉且振奋。我有一种强烈的感觉，如果他们蒙上眼睛坐着，让女性受试者触摸他们，以表达爱和感激，他们会乐意花很多钱的。

所以，我们求助于一种原始的技术。我们在实验室里建了一个大屏障，用一堵墙把触摸者和被触摸者分开。这个屏障中有一个不透明的黑色窗帘。这个窗帘阻止了触摸者和被触摸者之间的任何形式的交流，比如视觉、听觉、嗅觉，但不包括触摸和触觉。首先，触摸者和被触摸者都回顾了触摸者将要传达的 12 种情绪：愤怒、厌恶、尴尬、嫉妒、恐惧、快乐、骄傲、悲伤、惊讶，以及研究人员感兴趣的 3 种情绪，即同情、爱和感激。然后，被触摸者勇敢地将手臂伸过帘子，等待触摸者随机安排的 12 次不同的触摸。对于每一次触摸，被触摸者都需要猜出对方正在交流的是哪种情绪。触摸者只能触摸被触摸者的手臂（从肘部到手掌），以任何形式的触摸来传达每种情绪。被触摸者的手臂被固定在了窗帘的一侧，因此看不到触摸者的任何部位。

如表 9-1 所示，我们感兴趣的测量数据是受试者选择适当的情感术语来正确标记触摸的比例。正如你们所见，人们大都可以可靠地传达经过仔细研究的情绪，如愤怒、厌恶、恐惧，只需轻触对方的前臂 1~2 秒钟。非常令人惊讶的是，陌生人可以很好地交流那些最道德的情感（同情、爱、感激），只需要轻轻碰一下前臂就可以。同样有趣的是，我们的受试者无法轻易通过触摸来交流某些情绪，比如，尴尬和骄傲，因为这些情绪都建立在他人如何看待自己的基础之上。

表 9-1　轻触前臂 1 秒钟即可传达情绪

第一选择		第二选择	
经常研究的情绪			
愤怒	57	厌恶	15
厌恶	63	愤怒	10
恐惧	51	愤怒	14
悲伤	16	同情	35
惊讶	24	恐惧	17
快乐	30	感激	21
自我意识的情绪			
尴尬	18	厌恶	16
嫉妒	21	厌恶	12
骄傲	18	感激	25

（续）

第一选择		第二选择	
亲社会的情绪			
爱	51	同情	28
感激	55	同情	16
同情	57	爱	17

我们在西班牙重复了这个研究。西班牙被称为"高触摸文化"国度，果然，我们的西班牙受试者更能通过触摸来解读情绪。

我们的研究还涉及了所有可能的性别组合：女人触摸女人和男人，男人触摸女人和男人。这里有两个性别差异，足以说明"女人和男人来自不同的星球"。女性受试者试图通过触摸向男性被触摸者表达愤怒的尝试是失败的。男性受试者完全不知道女性受试者在做什么，他的判断只是在随机猜测女性试图传达的信息。女人的愤怒似乎无法穿透男人的皮肤。遗憾的是，更糟糕的情况还在后面。男性受试者向女性表达同情的尝试对女性来说是完全不可理喻的，可以说，他想传达同情的企图落空了。

我们对人们通过触摸来传达不同情绪时所做的事情进行了编码。这种行为的进化渊源可以追溯到我们的原始人类祖先那里。同情的传递最常见的方式是舒缓、缓慢地抚摸手臂，这无疑是为了最大限度地激活表皮上的默克尔细胞，产生指向大脑和神经系统的同情区域的神经脉冲。非常有趣的是，感激的信号稳定可靠地表现为紧紧握住前臂，轻轻地但明确地摇一摇，保证别人能够感觉安心妥帖。

同情和感激是社会活动的核心角色，能够激发人们的利他主义行动。它们不是进化史上的新物种，也不是特定文化才有的。这种情感体现在人类数千代的进化过程中，通过触觉交流得到磨炼。因此，今天只要简单地触摸一下前臂，接受触摸的人就能分辨出同情、感激和爱。

篮球和足疗

在你们当地动物园的黑猩猩区待上五分钟，你就会发现触摸是多么普遍。你会看到猩猩妈妈在给猩猩宝宝梳理，雄猩猩首领在拉扯劲敌的毛发，两只欢快的小猩猩在树枝上跳来跳去，突然间停止了滑稽的动作，开始相互梳理毛发。事实上，据灵长类动物学家估计，与人类关系最近的灵长类亲戚黑猩猩，花了超过 20% 的时间（处于清醒状态）来梳理毛发。梳理毛发对于灵长类动物懒猴（也叫蜂猴）来说至关重要，因此，懒猴进化出了一种被称为"马桶爪"的指甲（见图 9-5），这种进化使得它们能够频繁地梳理毛发。顺便解释一下，在"厕所"的词源中，最早的英文是 toilette，指的是一间用来梳洗的房间。

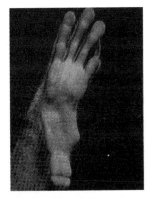

图9-5 慢吞吞的懒猴和它的"马桶爪"（短而弯曲的手指）

　　针对灵长类动物梳理毛发的普遍现象，最初的解释合理而直观，那就是它们只是互相清除寄生虫，以便增加生存的机会。毫无疑问，为了消灭细菌和病毒感染的寄生虫，灵长类首先需要梳理毛发。然而，观察敏锐的灵长类动物学家很快记录下了不符合清除寄生虫理论的梳理行为。灵长类动物梳理毛发是为了玩耍、和解、抚慰、亲近，在交配之前，它们并没有清除寄生虫的明显意图。更令人信服的是，灵长类动物在自然环境中没有已知寄生虫的情况下，也会定期"梳妆打扮"（见图9-6）。

图9-6　黑猩猩在梳理毛发

　　据此，英国牛津大学进化人类学教授罗宾·邓巴（Robin Dunbar）观察到，灵长类动物爱理毛可能就像人类爱八卦。理毛是日常生活的一种随意交流，它将个体彼此联系在一起。它是社会关系的黏合剂。人与人之间的触摸也是如此，触摸可以传递善意、合作和信任。

　　我们生活在触觉被剥夺的一种文化中。在美国社会，触摸的贫乏深深植根于清教徒，他们以试图消除人类的普通乐趣（如舞蹈、笑声、戏剧和触摸）而闻名。人们可以将矛头指向一个明显的目标，那就是压抑的维多利亚时代文化。在富豪爱迪思·华顿（Edith Wharton）那样的上流社会阶层中，婴儿与母亲的乳房分离，孩子与父母分开睡，妻子与丈夫"异床同梦"，皮肤上覆盖着衣物，人手无法触及。针对这一文化的产物，颇具影响力的心理学家兼教育家约翰·沃森（John Watson）观察到："对待孩子有一种明智的方法，即永远不要拥抱和亲吻他们，永远不要让他们坐在你的腿上。如果一定要，在他们说晚安的时候吻一下他们的额头，在早上告别的时候握一下他们的手。"

如今，触摸剥夺的迹象比比皆是。老师们因为害怕受到性骚扰的指控而被禁止拍拍学生的背，更不用说拥抱了（我敢用一生的财富打赌，任何对得起自己工资的教师都知道如何用正确的触摸方式去鼓励学生）。父母手册不鼓励对孩子进行过多的身体接触，因为他们认为孩子长大后可能会"陷入恋父（母）情结"。最近，佛罗里达大学的心理学家 S.M. 朱拉德（S.M.Jourard）对世界不同地区的咖啡馆里的触摸频率进行了观察研究。他观察了两个人一边喝咖啡一边聊天的场景：在伦敦没有发现 1 次触碰，在佛罗里达是 2 次触碰，在巴黎是 110 次触碰，在波多黎各的圣胡安城是 180 次触碰。

然而，触摸的本能太过深入我们的神经系统，以至于我们无法将其从日常事务中移除。古老的、进化出来的触碰倾向有着明显的文化诠释——按摩。触摸的本能在更为怪异的文化形式中表现得更为明显，在美国各地涌现出数百个拥抱俱乐部，人们躺在那里，兴高采烈，睡眼惺忪，拥抱与性无关（他们是这么说的）。触摸的需求隐藏在各种文化形式中，比如美甲、修脚、理发。这种触摸的本能是商业创新的源泉，就像柔软的"婴儿背带"，允许父母把孩子背到他们想要的地方——靠近身体的前部。与坐在坚硬的婴儿座椅上的婴儿相比，躺在柔软的婴儿背带里的婴儿与父母的身体接触更密切，他们与父母的关系更安全，也更愿意探索新的环境。多亏了蒂芙尼·菲尔德，触觉已经融入医疗方法中。目前关于触摸疗法的科学研究已经超过 90 项，这些研究已经发现，经常触摸对早产儿（曾被剥夺身体接触的权利）、抑郁的年轻母亲、养老院的老人、自闭症儿童、多动症男孩、患有哮喘和糖尿病的儿童以及患有其他医学疾病的人都有帮助。

　　肢体接触这种古老的肢体语言是合作的重要支柱，是高仁率的源泉。在过去的 25 年里，我每周打两次篮球，这是美国最民主的社会生活。我和各行各业的人打过交道：安多弗大学的毕业生、来自马萨诸塞州布罗克顿培训学院的孩子、小说家、医生、70 岁的老人、瑜伽教练、音乐制作人、厨师、心理治疗师、警察、表演艺术家，以及穿着薄如纸的鞋子在街上的流浪汉。现在开始计分！赢家赢了，继续留在篮球赛场上。输家输了，就排队等待下一场比赛吧。现在，打气加油，竞相角逐——特别是当比赛难解难分的时候！平均重达 200 磅的 10 个人在几个小时内相互碰撞，对抗力度足以扭伤脚踝、鼻子骨折、眼睛发黑、膝盖软骨磨损。

　　我估计我打了大约 4500 场比赛，从马萨诸塞的布罗克顿，到法国西南避寒胜地的波城，再到旧金山的海德艾斯布利嬉皮士区。这些比赛的参与者包括我的老朋友和只有一面之缘的人。在那 4500 场比赛中，他们扯着大嗓门呐喊，挥舞着手肘示威，但我从来没有见过一场打斗。当然，也有戏剧性的对抗，还有不在少数的推推搡搡。但我从没见过拳头相向，或者任何纯粹的人身攻击事件。这说明，与随机抽样的婚姻伴侣、兄弟姐妹、感恩节家庭成员之间的互动、庆祝足球队胜利的人群、停车去电影院的人相比，即兴打篮球的活动更为和平。在比赛的最后，通常会有笑声、尊重和对人类活动的信心。

　　为什么呢？因为触觉改变了篮球的暴力性。比赛开始时，队友们互相击掌以打气。在比赛中，双方身体靠向对方，手抵住对方的臀部，用手臂推挡对方的背部和胸部。防守队员则紧紧抱住对方，阻止对方冲入禁区。对手打得好时还会互拍屁股。比赛结束时，球员们高举双手互相击掌。篮球运动中的肢体碰撞可以是很暴力的，两个人的身体几乎会全速相撞。但篮球游戏中的触摸"语言"中和了这些动作的攻击性意图。

为什么会这样呢？我问我的女儿娜塔莉和塞拉菲娜，她们对另一种以触摸为核心的文化形式的首次体验（如足疗）的感受如何。她们刚刚和她们的妈妈一起享用了一种特殊的款待。下面是她们的回应：

> 娜 塔 莉：感觉很舒服。
>
> 爸　　爸：为什么？
>
> 娜 塔 莉：因为他们按摩了你的腿。你坐在椅子上，他们给你按摩。
>
> 塞拉菲娜：他们涂的指甲油也很漂亮。只是太难闻了。
>
> 爸　　爸：那是什么感觉？
>
> 娜 塔 莉：刮指甲的时候有点疼。但腿部按摩的感觉就像你的背部在嗡嗡振动，又像是有人在哼小曲儿。

背部嗡嗡的振动声是通过触摸传播善良，并使人们的仁率向更高的价值观转变的方式。由于文化力量阻止人们相互触摸，触摸变得更加脆弱。腿上的按摩（足疗的真正目的）和我们所有的触碰仪式（打篮球、理发、握手、格斗游戏、拍拍后背）都会激活眶额皮层，释放阿片类物质和催产素，它们触发迷走神经的激活。迷走神经是人体内专门用于信任和社会联系的神经束，一旦激活，确实感觉就像是你背部的嗡嗡振动。如果有足够精确的测量方法，我们可能会发现，在足疗广告中没有描述的偶然的腿部按摩，把娜塔莉的神经系统的压力区域（HPA 中枢的活动领域）转移到了更安静的环境中，并且（也许有人希望）能以一种永久的方式增强她的信任和善意的生理机能。

爱 第十章

2 月的一个周末，天气又冷又暗，我和妻子莫莉还有两个女儿（当时，娜塔莉 7 岁，塞拉菲娜 5 岁）花了两个小时来到加利福尼亚州蒙特雷附近的诺新沃州立公园。我们的目标是扛住冬季的风暴，观赏海象从巴加岛向阿拉斯加迁徙的自然奇观。我们本着查尔斯·达尔文的精神，试图研究其他物种（海象）的社会模式，以便更深入地理解我们人类的社会生活。

此时狂风大作。风卷起沙粒，吹打在我们一家人的身上，我们勇敢地跋涉在高低起伏的沙丘之间。我们的公园女导游没有意识到一半观众（我的两个女儿）注意力的持续时间，而是喋喋不休地谈论雄海象首领、海象的一夫多妻制、交配仪式、排卵、怀孕周期、迁徙模式。我们继续前行，低着头，用连帽衫遮住眼睛。孩子们突然放声大哭，这时棒棒糖的安慰是绝望贿赂的最后一招，可惜被她们丢落在沙子里了。

最后，我们来到了一座小山前面，我们可以在那里静静地躺着，看着被海滩搁浅的海象聚集在下面。我们匍匐在凉爽的沙滩上，阵阵海风吹来了温暖的空气。我们将双筒望远镜和照相机瞄准岸边的海象们。一只巨大的雄海象首领重达 4500 磅，超过了越野车的平均重量。它会守护自己"后宫"里的几十只雌海象，每只雌海象的体型大约是雄海象的 1/4。雄海象首领偶尔会笨拙地走向一只雌海象，然后扑倒在它身上。它的脂肪荡漾，在翻云覆雨中遮住了后者的整个身体。一看到这种激情澎湃的场面，在"后宫"外围泰然自若的其他雄海象也会扑向附近的雌海象。这样的入侵行为对于雄海象首领身下的雌海象来说，其实没什么，但对于该首领本尊来说，还是值得关注的，但它唯一能做的就是迅速出击，一边打滚嚎叫，一边冲向入侵者。在相距不到 10 英尺的地方，雄海象首领就会站起来，它那奇怪的长鼻子会发出像玉米收割机一样响亮的叫声。这种扑打模式、交配尝试、入侵和对抗没完没了地进行着。没有拥抱，没有玩耍，没有嬉戏，没有鼻子摩擦，没有相互凝视。

导游让我们集合在一起，然后带领我们沿着一条通往波涛汹涌的太平洋岸边的小路前进，看看能否看到两个月前刚在巴哈出生的海象宝宝。它们在海浪中嬉戏，或许可以让我情绪低落的女儿们振作起来。可惜，在我们要爬上的最后一个沙丘附近，在用浮木标出的小路边上，躺着一只死去的小海象宝宝。我们的导游解释说："有时，根据古老的进化本能，雄海象会不小心试图与幼象交配，结果往往是悲惨的结局。"在接下来的旅程中，我的女儿们紧紧地贴着我，把头埋在了我的肩膀上。

参观结束后，我们礼貌地问了几个问题，给了一些小费，还心不在焉地表示了"感谢"，然后回到了我们那辆塞满了东西的斯巴鲁汽车上。娜塔莉和塞拉菲娜坐在汽车座椅上，神情严肃。我能感觉到，她们试图把父母在这次灾难之前使用的词汇（"家庭""有点像丈夫和妻子""新生儿""爱情"）运用到海象繁殖的原始景观里。

把英语中的一个概念（爱、家庭、丈夫和妻子）映射到自然界繁衍生息的多样性上，或者，就此而言，映射到爱的复杂性和细微差别上，这是多么微妙的尝试啊。

如果我有正确的措辞和勇气（如果她们再年长几岁就好了），我会用生殖进化生物学的新研究来安抚我的女儿们，马特·里德利（Matt Ridley）的《红色皇后》（*Red Queen*）和海伦娜·克罗宁（Helena Cronin）的《蚂蚁和孔雀》（*The Ant and the Peacock*）对这些新研究进行了精练的总结。海象是一种竞争性物种，雄海象会把大部分精力和心理投入到暴力竞争中，胜者赢得一切，妻妾成群。人类更倾向于一对一配对，更接近长臂猿、海马、某些田鼠和许多鸟类。像人类一样，8000 多种一夫一妻制物种，在体型和鲜艳的颜色方面，雄性的分化程度不如雌性，在生育方面雄性也没有那么大的差异（而在我们观察到的那些海象中，几乎所有的幼崽都是雄海象首领的后代）。我的女儿们未来的男朋友（还得再等好几年）不会同时拥有几十个女朋友，他们的后代也不会占据整个托儿所。相反，他们是由她们独占的，至少在一段时间内是这样。

还有更多内容要说出来。在人类中，默认的是一夫一妻制，而不是海象的"一夫多妻"。当然，人们可以在人类历史上找到海象这样的安排，特别是在世界文明出现的早期。当时，强大的国王开始囤积资源，并声称拥有成千上万妻妾的大后宫。印加"太阳王"阿塔华帕（Atahualpa）将 1500 名女性安置在他的王国各处的"处女院"，挑选的最典型的标准就是她们在 8 岁之前是否美貌。印度皇帝乌达亚马（Udayama）将 16000 名嫔妃关在由太监看守的、被火包围的院落里。但在早期的狩猎 - 采集文化中，以及当代的工业文明中，"一夫一妻制"占据主导的社会地位。一夫一妻共同生活，共同面对复杂挑战。

　　我接下来要说的是，与那些海象不同，人类的雄性积极地为抚养后代做出贡献。在 90% 以上的哺乳动物中，雌性是唯一照顾后代的养家者，而雄性则像没事儿人一样。我们人类不一样。人类雄性参与到养育儿女的方方面面，这让人联想到海马、长臂猿和许多鸟类的奉献精神。此时此刻，美国成千上万的父亲才是主要的照顾者，给孩子换尿布、推秋千、读《大象巴巴》的动画故事和西尤斯（Seuss）博士的饶口令、化解兄弟姐妹之间的冲突、打打闹闹、说"妈妈语" [⊖]。

　　我会提醒我的女儿们，还可以成为好朋友。除了生殖繁衍之外，人类在其他活动中也不会像海象那样朝三暮四。海象很少相互认识，除非当它们为了争夺交配机会而产生正面冲突的时候。而人类对非亲属，尤其是朋友，有着深深的爱。这一点他们很容易理解，因为他们已经建立了忠诚的友谊。我们甚至推己及人，让我们的同类、全人类乃至其他物种都感受到关爱之情。

　　如果说我还有想说的话，我会告诉她们，除了她们对彼此（和其他亲属）的爱，生活中还有四种伟大的爱——父母和孩子之间的亲子之爱、性伴侣之间的热恋之爱、长期伴侣之间的持久忠诚之爱、非亲属（通常是朋友和伙伴）之间坚如磐石的友爱。

依稀可见的温暖之手

　　1800 年 1 月一个寒冷的早晨，在法国的圣 – 瑟宁（Saint-Sernin）村，有人看到一个光着身子且浑身脏兮兮的 12 岁男孩，在

　　⊖ 简单重复的语言类型，伴有夸张的语调和节奏，通常在成年人对婴儿讲话时使用。——译者注

地上手脚并用地奔跑，还在地里挖土豆。他是一个被遗弃的孩子，在那个时代并不少见。他失去了父母温暖的陪伴，在森林里独自生存了好几年，靠捡橡子和猎取小动物为生。

那块地的主人抓住了这个怒目而视的男孩，把他带回了家。这个男孩（不久之后取名为维克多）用四肢不停地爬行。他拒绝穿衣服。他在公共场所排便，拒绝除橡子和土豆外的所有食物。他的交流仅限于咕哝、嚎叫和咯咯笑。他对人类的声音和语言没有反应，但一听到坚果碎裂的声音，他就会迅速转过身来。他从不笑，从不哭，从不与人肌肤接触，也从不与人类对视。

最终，巴黎聋哑学院 26 岁的医生让·伊塔德（Jean Itard）成为了"阿韦龙省的野孩子"维克多的监护人，并花了 5 年时间教授他语言和人类复杂的生活方式。伊塔德取得了明显的成功：维克多确实学会了穿衣服、在床上睡觉、在餐桌上吃饭和洗澡。最值得注意的是，他开始爱上了伊塔德。

伊塔德也遭遇了明显的失败。尽管有强化的教学，维克多也只学会了几个单词。他从来没有学会和别人相处。在一个富有的社交名流家里的晚宴上，维克多为了炫耀自己的进步，狼吞虎咽地吃东西，把甜点塞进口袋里，脱得只剩下内裤，像一只吼叫的猴子一样跳上大树。维克多和其他 35 个记录在案的野孩子类似：他们没有发展语言、道德或行为，对人类基本上没有反应；他们不能融入与他人的合作关系；他们对异性没有"性兴趣"；他们缺乏自我意识。第一种伟大的爱是维克多从未感受过的，即父母之爱，或者更恰当地说，是照顾者和孩子之间的爱。这种爱使人类的意义得以彰显，它开启了我们追求"仁"的倾向。

哲学家（在某种程度上）、诗人（在更大程度上）和小说家（甚至在更大程度上）早就认识到，父母和孩子之间的爱是人类思想、性格和文化的基础。要激发对亲子之爱的科学研究，需要一位特立独行的知识分子，于是，约翰·鲍比（John Bowlby）肩负使命，将最新的进化论思想和弗洛伊德的心理分析整合在一起。鲍比认为，鉴于人类婴儿极度脆弱，进化论设计了一个依恋系统：以生物学为基础的行为和情感模式，通过忠诚专注、肌肤接触、声音传达、眼神交流，将照顾者和脆弱的婴儿联系在了一起。鲍比的合作者玛丽·爱因斯沃斯（Mary Ainsworth）在乌干达对幼儿的依恋行为进行早期观察研究时，记录了常见的家庭共性：只有在母亲在场的情况下，乌干达婴儿才会表现出特定的哭泣、微笑和可爱的叫声，当母亲靠近时鼓掌和举起手臂，把脸埋在母亲的大腿上，拥抱、亲吻和紧紧抓住母亲，当母亲离开时，他们会发出痛苦的哀叫声。同样可靠的是照顾者的依恋行为：相互的皮肤接触和胸部接触、摇篮、按摩和触摸、顽皮的咕咕声和叹息、相互凝视、"妈妈语"、夜晚柔和的歌声、互相微笑、轮流吟唱型对笑。

哺乳动物一旦被剥夺了照顾者和后代之间的爱，简直就不能称为哺乳动物了。在哈里·哈洛（Harry Harlow）著名的研究中，猕猴在隔离环境中长大，失去了与父母（和同伴）的联系，成长为群体中的"野孩子维克多"：极度恐惧，不善于与同伴建立关系，在追求潜在的性伴侣时可能伴随着攻击行为，还试图与同性同伴交配。在非洲的一些地区，有人为了获取象牙而屠杀了大象，导致一些大象宝宝在没有父母之爱的情况下成长发育。这些大象进入青春期之后表现出了病态的攻击性，看起来就像我们社会中最糟糕的反社会者，例如，把猎杀犀牛作为一种游戏。

数十项人类研究表明，这些早期的依恋经历奠定了沟通能力的基础。约翰·鲍比认为，这些早期的爱的经历改变了我们的仁率，或者，用鲍比的术语来表达，就是我们个人的"工作模式"——亲昵关系、信任、与人为善、塑造同伴关系的深刻的早期信念、工作动机、离开家庭之后就敢于冒险、积极参与群体活动。报告认为，安全型依恋者对亲密关系感到舒适，并且在面临威胁和不确定性时渴望与他人亲近。他们的父母很可能会对他们早期的需求和情感做出反应。这些人长大后会享受健康的高仁率。说自己是安全型依恋者的人认为，他们的伴侣是支持和爱的稳定来源。他们宽厚地看待伴侣的批评、紧张和冷漠，把亲密生活中司空见惯的痛苦挣扎的积极一面展现出来。随着生活的进步，安全型依恋者对当前的恋爱关系感到更满意，他们离婚的可能性是其他人的一半，而且他们始终表示对生活更有满足感，且更能领会生命的意义。

相比之下，焦虑型依恋者对别人的依恋感到深深的焦虑，担心对方给予的不够，担心对方不是亲密和爱的可靠来源。研究显示，这些人的父母在即时互动中不那么敏感和热情，却更加紧张、焦虑和疏远。快速研究一下这样的家庭的一幕早上发生的场景，你会发现，关于依恋行为的词汇（鼓励的触摸、温暖的微笑、短暂的眼神接触和俏皮的叫声）何等匮乏，却充溢着海量的消极词汇（愤怒的叹息、遥远的凝视和痛苦的触摸）。这些倾向于焦虑型依恋的个体在他们随后的关系中会伴随着更大的困难，比如，更大的不满、愤世嫉俗、不信任和批评。这些消极倾向充斥在他们亲密关系的每一刻。克里斯·弗雷利（Chris Fraley）和菲尔·莎瓦尔（Phil Shaver）曾在机场偷偷观察情侣道别的情景，焦虑型依恋者在他们的伴侣登机时表达了巨大的恐惧和悲伤，他们私下里怀疑这将是他们最后一次见到自己的爱人。他们更有可能以悲观、危险的方式来解读生活事件，这增加了抑郁的机会。他们更有可能遭受饮食失调、不良饮酒和药物滥用的折磨，部分原因是为了减轻他们的痛苦和焦虑。他们拥有的亲密关系更有可能在痛苦中破裂。

生命中第一次伟大的爱在离开子宫时就开始了。用约翰·鲍比的话来说，"爱将从摇篮延续到坟墓"。母爱被记录在触摸、声音、凝视和面部表情的丰富词汇中，明显地体现在照顾者和幼儿的大脑、心跳和神经系统的融合中。这些过程在亲社会神经系统中建立了深层的神经反应模式，比如，皮肤触觉受体的生长，催产素系统（孤儿体内的催产素系统受损）的增强，HPR 中枢被设定在精神压力较低的水平，大脑中的奖赏中枢被点亮。这些早期的依恋经历在我们的神经系统中很早就形成了，我们无法有意识地记住它们，因为大脑中与记忆有关的区域（尤其是海马体）直到两岁左右才能完全发挥作用。但是，他们在生活中的每一刻都能感受到，比如，在对陌生人的信任中，在失败中畅所欲言的意愿中，在困难时刻忠于浪漫伴侣的情怀中，在希望的感觉中，在对自己孩子的奉献中。如果一切顺利，在你的人生旅途中，童年的爱就像你背后那只鼓舞人心的、依稀可见的温暖之手。

欲望的元素

瑞典语 Lek（语义类似英语的 play）指的是"鸟类求偶场"，是众多鸟类玩耍的"单身酒吧"。这是一小块地方，可供众多同类雄性聚集并勾引雌性同伴的行动之地。例如，雄性园丁鸟会用树枝、树叶、瓶盖和极乐鸟的羽毛等热门商品建造一座精巧的凉亭，以展示其获取资源的能力（见图 10-1）。就像年轻女性在参加舞会之前要先去洗手间打扮一番一样，雌性园丁鸟在设定的时间到达求偶场，观察每一只雄鸟的求爱动作（头部晃动和咕咕叫），然后把注意力聚焦在几个看起来最值得交配的（比如资源丰富的）雄鸟身上。

图10-1　雄性园丁鸟准备引诱雌性园丁鸟

我们无须天马行空的想象力，就能认识到人类也有类似的游戏（如初中生舞会、男女约会日的舞会、酒吧、夜总会、办公区提供咖啡和复印机的休息室、内华达山区单身的徒步旅行者、积极分子的会议等）。这种古老的表达欲望的语言让我们懵懵懂懂地建立了生殖繁衍方面的社会关系。在对这种表达欲望的语言进行分类之前，有必要考虑一下人类欲望中被低估的两种特质，那可能是你想当然的东西。首先，人类的欲望将我们引入一夫一妻制。这可不是我们灵长类近亲的欲望轨迹。比如大猩猩，资源丰富的雄猩猩首领控制着"后宫"，而其他雄猩猩则尽最大努力偷偷摸摸地进行交配，就像"平民海象"。又如黑猩猩，在雌猩猩进入发情期之前，性方面的一切都是安静的。在这个时候，雌猩猩通常每天不加选择地与几十只雄猩猩交配，通常需要交配 3000 次才能怀孕。再如倭黑猩猩，貌似会参加一个全方位的、多角恋的，类似海德艾斯布利嬉皮士区爱情聚会，几乎用"性"来达到一切目的，比如，繁衍后代、缓和矛盾、建立友谊、分享食物、玩耍、打发时间。

撇开你对倭黑猩猩的嫉妒不谈，重要的是要理解人类的欲望，至少在那一刻，爱是单一的，是针对一个人的，是一对一配对的。

最明显的原因是，我们的大脑发达但极度脆弱的幼崽需要多人照顾，包括父亲的照顾。马特·里德利在《红色皇后》中指出，另一个因素是我们对肉类的热爱。大约 160 万年前，我们的祖先开始吃肉，他们以觅食为生，过着群居生活。肉食供应是一种概率性的事情，男性围绕肉食供应缔结了稳定的贸易关系。早期原始人活动的这种集中性，阻止了任何一个男性聚集所有的资源（一夫多妻制的先决条件），并使早期原始人保持了一夫一妻制的配对关系。

如果你需要更多的证据来证明人类的一夫一妻制偏好，只要看看雄性有几个睾丸就知道了。在一夫多妻制的物种中，雄性拥有超大的睾丸，可以产生大量的精子，从而在与其他雄性的精子竞争中获胜。由于雌性黑猩猩实行"多夫杂交制度"，雌性大猩猩实行"一夫制度"，因此，雄性黑猩猩的睾丸要比大猩猩的睾丸平均大两倍。露脊鲸是一夫多妻制，雄鲸的睾丸重达半吨，相当于它体重的 1%（相当于一个 200 磅重的男人的睾丸有 2 磅重）。露脊鲸的睾丸大大超过了一夫一妻制的灰鲸。人类睾丸的大小表明我们更倾向于一夫一妻制。性欲犹如推动我们走向这种交配安排的"火箭助推器"。

人类的欲望同样引人注目，因为它导致了与生殖无关的亲密行为。早在避孕药将性行为从繁殖结果中解放出来并彻底改变亲密生活之前，同样的事情也发生在人类的进化过程中。我们最亲近的灵长类动物的雌性动物用肿胀的、多彩的性器官来宣传它们的生殖能力，在你们当地动物园的灵长类动物区，这种表现令人震惊和惊讶。相比之下，人类女性则隐蔽了排卵期。因此，男人和女人不一定知道他们的欲望是否会导致生育的结果，不过，在排卵期，女性更有可能发起性行为、手淫、恋爱、由丈夫陪伴。此外，杰弗瑞·米勒（Geoffrey Miller）最近发现，钢管舞者在排卵高峰期能挣到更多的小费。我们现在知道，隐蔽排卵的进化是为了防止继父杀婴，这在哺乳动物中非常普遍。许多啮齿动物、狮子甚至许多灵长类动物中都存在继父杀婴现象。隐蔽的排卵期使雄性不断猜测这些后代是不是自己的，从而降低了杀婴的可能性。隐蔽排卵期还允许女性和男性在整个女性生理周期进行性行为，这是一种持续的激励机制，促使男性保持一段关系，并为养育这种依赖资源、易受伤害的后代做出贡献。

吉文斯（Givens）和珀珀（Perper）记录了推动潜在伴侣走向对方的特定语言。他们花了数百个小时在单身酒吧里，躲在蕨类植物和自动点唱机后面，在柔和的灯光和 20 世纪 80 年代莱昂内尔·里奇（Lionel Ritchie）的歌曲中，费力地写下简短的、四五秒爆发的非语言行为。他们通过这些微观行为，来预测男女是否会追求浪漫的邂逅，比如，一起喝酒、交换电话号码、手挽着手、迈着轻快的步伐离开酒吧。

在最初吸引眼球的阶段，女性走路时弓着背、摆动臀部，这让她们的身体呈现出一种玲珑有致的沙漏体型。女人们借助于那个众所周知的普遍手段——甩头发，从而吸引了男性的视野，即使男性在漫不经心地啜饮着他的第三杯百威啤酒。女人（和男人）腼腆地微笑，噘起嘴唇，把头转开，但眼睛会垂下来，进行 1~2 毫秒的眼神交流（见图 10-2）。

图10-2　我们在研究中很快发现，腼腆的笑容是欲望的信号

相反，男性不会希望通过增加身体的尺码来彰显其潜在的资本实力。他们往往会前后摇摆，晃动肩膀。他们举起手臂，做出夸张的动作，点一杯饮料，或者伸展一下身体，炫耀自己发达的手臂、宽阔的肩膀或者昂贵的手表。这些简短的信号是对性选择游戏中由来已久的原则的尊重。女性则把男性的注意力吸引到她的曲线、细嫩的皮肤和丰满的嘴唇上，这些都是她的性准备和生殖潜力的标志。男性则是在暗示他有身材、资源和好基因，吸引那些意识到怀孕、分娩和哺乳需要付出巨大代价的女性，让她们意识到一个有钱的男性，一个有优良基因的男性能抵消和弥补这一代价。

就像求爱一样，短暂的调情会发展到更亲密的阶段。在识别阶段，男女凝视对方，他们通过扬起眉毛、抑扬顿挫的声音、悦耳的笑声和微妙的绷嘴来表达兴趣。他们转向精妙的肢体语言以及皮肤表面下的触觉受体，挑逗性地抚摸对方的手臂，拍拍肩膀，或者，在一个玩笑之后，在一场愉悦的戏谑式逗趣中，彼此之间发生并非意外的碰撞，以此来探索他们对彼此的兴趣。轻触肩膀，比礼貌的轻拍更坚定、更持久，显示出一种超越朋友或新认识的人之间典型交流的渴望。

如果这一切进展顺利，潜在的伴侣就会进入维持关系的阶段。他们开始模仿彼此的眼神、笑声、凝视、手势和姿势，分享笑话、点饮料、透露过去令人尴尬的片段，并寻找共同点。这类行为同步创造了一种相似性、信任感，以及自我和他人的融合感。柏拉图认为，从出生开始就分离的两个灵魂，现在又结合在一起，形成了"完美的统一体"。

在许多物种中，求偶行为刺激了生殖繁衍的生物学现象。对于栖息在树上的非洲鸽子来说，调情的柔声细语和低头会触发雌性激素和黄体激素的释放，并最终排卵。雄鹿的吼叫会刺激雌鹿更快地发情。低等的蜗牛会向潜在的性伴侣射出"喷射物",这激活了蜗牛的性器官(我简直不敢去描述)。在人类中,这种激情的肢体语言刺激了欲望的体验。在狂热的激情中,人们会体验到一种完全不同的时间感,以及失去个人控制力和能动性却怒气全消的感觉。大脑中的一个隐喻语言按钮被打开了,成本收益的声音被关闭了,常规理性的通道被关闭了。人们感到震惊、失魂落魄、昏迷不醒、生病、发烧,甚至疯狂。在激情的阵痛中,人们不再吃饭、洗澡、见朋友、做家庭作业、付账单。旧的自我定义被关闭了,为的是给一个全新身份的建立让路,该身份出现在早期精神错乱和伴侣关系剧变中,将重新安排他们的往后余生。

这种欲望的语言带领这对情侣走向一种与其他物种不同的圆满结局。这对情侣很可能会面对面做爱,这在灵长类动物中很少见。他们会私下做爱。我们的研究发现,除了欲望,他们还会感到深深的焦虑。女人会怀疑她的新伴侣是否像科学研究中过分夸张的男性形象,也就是急于寻求短期的性行为(一夜情)来释放他每天产生的 2 亿个精子。在一项研究中,75% 的大学男生愿意和他们在校园散步时刚认识的女性实验者一起回家,并询问她们是否有兴趣来一场速战速决的性爱。人类男性会感到焦虑,也许是意识到自己与其他灵长类动物不同,因为他们有牺牲精神,可以放弃其他繁殖机会,并将资源奉献给自己的后代,但要确定那真是自己亲生的,这一点也和其他灵长类动物不同。他们等待着浪漫爱情的温暖来消除自己的焦虑。

张开的双臂与一夫一妻制

美国每年有 230 万对新人结婚。当时,一场婚礼的平均花费是

2 万美元，这大大超过了你在大街上遇到的任何一个美国人一生的平均积蓄。邀请嘉宾名单共同协商，还要量体裁衣、印刷并邮寄邀请函、选择开胃菜和婚礼音乐。接下来是一个充满狂喜情绪的、梦境一般的日子，父亲喜极而泣，母亲倒酒都溢满了杯子，前恋人妒火中烧，记忆犹新的小诗，甜蜜亲吻，最好的朋友相拥，小孩子们手舞足蹈。

婚礼仪式理应被视为人类历史上最复杂、最昂贵的仪式。在美国，大约有 47% 的人会站在圣坛前，充满着最神圣的情感，用虔诚的语言说出忠诚的誓言。可是，他们也会离婚，通常伴随着仇恨和诉讼的火焰。他们甚至可能在结婚仪式的一两年内离婚，像我父母的一个朋友的父母离婚时那样，在县法院的大庭广众之下对着对方竖起中指表示鄙视，或者在签署离婚文件时说"你去死吧"。

或者，你也可以认为婚礼是一次惊人的成功。一半的婚姻都能挺过去。尽管经常有年轻人的欲望冲动和婚姻中错综复杂的俗事烦恼，但据调查估计，只有 11%~20% 的已婚伴侣有婚外情。请比较一下驯服非一夫一妻制性冲动的成功率和最近针对初中和高中学生的禁欲教育项目的研究。真可恶，这些由善意的社会科学家设计的"精密产品"失败了，在这样的教条灌输之后，常常导致青少年更倾向于发生性行为，甚至危险的性行为。

就其结果而言，婚礼可以被看作是半空的杯子或半满的杯子，这一解释无疑受到了我们自己以及那天和我们在一起很开心的人的影响。就其功能而言，毫无疑问，我们为什么要在婚礼上花这么大力气呢？这是对承诺问题的一种仪式化解决方案。作为一种文化，我们试图让两个年轻的伴侣在面对如此多令人心动的选择时保持对彼此的忠诚（并为他们的后代奉献），为了他们的关系和后代的利益而牺牲他们对性的追求。仪式化的解决办法是清空银行账户，把每一个你珍爱的人带到一个崇高而美丽的地方，公开表明自己的忠诚，彼此赠送昂贵的戒指，拍下一天中的每一个瞬间，以免记忆褪化，然后一起变老。进化论对承诺问题的答案是，诗人和摇滚明星都最喜欢的情感就是浪漫的爱情。

浪漫的爱情可以使人类大脑抵消自私自利的吸引力。在热恋中，我们理想化我们的伴侣，认为他们具有独特的、神话般的特质；我们用自然神论的比喻来描述我们的爱人。当桑德拉·默里（Sandra Murray）和她的同事们要求恋爱伴侣们根据不同的美德（善解人意、耐心）、积极的品质（幽默、顽皮）和缺点（悲伤、冷漠）来评价自己和伴侣时，他们发现，快乐型的夫妇会将他们的伴侣理想化，他们高估了对方的优点（与对方的自我描述相比），低估了对方的缺点。在其他研究中，默里和她的同事们让情侣们写下自己的伴侣最大的缺点，这些都是在心理治疗和离婚诉讼过程中无休止的刻薄话的源泉。快乐型的恋人更能从对方的缺点中看到优点，而且他们更倾向于说"哎呀，不过"来反驳对方的缺点。快乐型的已婚妻子会看着躺在沙发上昏昏欲睡的丈夫把遥控器搁在他的脸颊上打盹，然后思考"哎呀，不过，他至少会多待在家里，而不是在保龄球馆里嬉闹，或者周六整天在高尔夫球场流连忘返"。

最近的神经科学研究指出，浪漫爱情的玫瑰色眼镜的设计基础就是神经学。毫不奇怪，长期的浪漫爱情与大脑奖赏中心的激活有关——腹侧前扣带回、内侧岛叶、尾状核和壳核。更引人注目的是，浪漫的爱情会使大脑中的威胁检测区域（右前额皮质区域和杏仁核）失效。处于浪漫爱情痛苦中的人在生理上可能无法看到所有令人担忧的、有问题的，或者仔细审视后值得怀疑的东西。

最近的研究已经开始记录促进长期忠诚爱情的化学物质。我们可以把希望寄托在催产素上，这是一种哺乳动物的激素或神经肽，由九种氨基酸组成（见图 10-3）。任何助产士都会告诉你，它与人类的子宫收缩、乳汁分泌和母乳喂养有关。催产素由下丘脑产生，下丘脑是大脑的一个古老区域，负责协调与食物摄入、繁殖、防御和攻击相关的基本行为。然后，催产素被释放到大脑和血液中，这就是为什么它被称为神经肽的原因。在这里，嗅觉系统中的受体、与触觉相关的神经通路，以及脊髓中调节自主神经系统的区域，特别是副交感神经分支，包括迷走神经，都在等待着这种化学物质的到来。

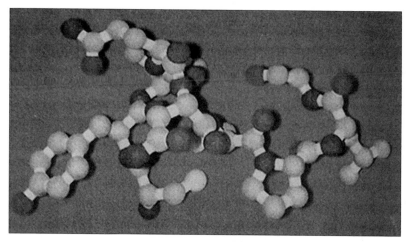

图10-3　一夫一妻制的密钥——催产素

　　催产素通过激活触觉和更平静的生理状态，使一夫一妻制成为可能。苏·卡特（Sue Carter）和汤姆·因赛尔（Tom Insel）将两种基因相同的啮齿类动物（一夫一妻制的草原田鼠和滥交的山地田鼠）进行了比较，得出了这个惊人的发现。两种田鼠最显著的神经差异在于催产素受体在它们各自大脑中的密度和分布。一夫一妻制的草原田鼠体内的催产素受体密度更大。此外，将催产素注射到适当的大脑区域会使山地田鼠更喜欢一个伴侣，而将催产素阻断剂注射到草原田鼠会使其一夫一妻制的能力下降。还有一些针对田鼠的研究发现，性行为后催产素会增加，注射催产素会增加社会接触和亲社会行为，而阻止催产素的活动会阻止母爱行为。

对其他物种的研究也得出了类似的结果。在灵长类动物中，注射催产素会增加触摸行为和对婴儿的注视，并减少威胁性的面部表情，如露出牙齿打哈欠。与母鸡分开的家养小鸡，在注射了一剂催产素后发出的痛苦叫声更少。催产素注射会使母羊对不熟悉的小羊羔产生依恋感。

现在，我猜你们会提出三个相关问题。第一，催产素对一夫一妻制物种中最复杂的人类有何作用呢？第二，让美国著名的脱口秀主持人拉什·林堡（Rush Limbaugh）上瘾的药物难道不是这种催产素吗？（不上瘾，上瘾的是奥施康定，一种阿片类止痛药；有人想知道，如果他对催产素上瘾了，他主持的节目会是什么样子。）第三，我到哪里去弄这种催产素，然后把它洒在我伴侣的早餐玉米片上呢？

关于第一个问题，有关催产素在人类中的作用的文献开始揭示出同样引人注目的爱情、奉献和信任的生理基础。在对哺乳期妇女的研究中发现，催产素降低了HPA中枢的活动，这是精神压力的生理基础。产后母亲的催产素基线水平越高，她们对新生儿的照顾和依恋行为就越强烈。快感按摩和性爱会释放催产素，甚至巧克力也会引发催产素的释放。我们在情人节给所爱的人送巧克力，而不是泡菜、品客薯片或玩偶，这不是巧合，我们正在试图刺激对方的信任和奉献的感觉。

那么，催产素对浪漫的爱情有何作用呢？为了更直接地证明催产素和浪漫爱情之间的关系，我和吉安·贡扎加（Gian Gonzaga）进行了一项关于性欲和浪漫爱情的达尔文式研究。吉安首先做了达尔文的优秀后代会做的事：他研究了达尔文自己的观察结果。达尔文将爱分为三种——"母爱""爱"和"浪漫之爱"（见表 10-1），这与当前我们对照顾者的爱、欲望和浪漫之爱的处理方式非常相似，但是，达尔文用"浪漫之爱"来指代我们现在所说的"性欲望"。

表 10-1　达尔文对爱的多样性的描述

母爱	抚摸，温柔的微笑，柔情的眼神
爱	微笑的眼睛，微笑的脸颊（看到老朋友的时候），触摸，温柔的微笑，突出的嘴唇（黑猩猩的做法），亲吻，鼻子摩擦
浪漫之爱	呼吸急促，面红耳赤

然后，令研究生同学羡慕的命运宠儿吉安把自己封闭在图书馆的书海深处，调查了数十种针对非语言沟通展示行为的研究资料。这些研究是关于人类和非人类灵长类动物中性交与友好、亲善的肢体接触的非言语表现。他所确定的是候选者表现出了性欲和浪漫之爱的行为。在发生性行为之前，人类和非人类灵长类动物倾向于进行各种与嘴唇和嘴巴相关的行为（噘起嘴唇，接吻，舔嘴唇，吐舌头，见图 10-4），这也是像米克·贾格尔（Mick Jagger）那样的摇滚乐手的惯用伎俩。

图10-4　暗示性欲的面部表情

相比之下，浪漫之爱往往是通过一个温暖的眼睛闪烁的微笑、歪头和摊开双手的姿势来表达的（见图10-5）。令人惊讶的是，达尔文没有把这个摊开双手的姿势作为爱的信号，因为他的对立原则可以轻易给出解释：我们用握紧的拳头、紧绷的肩膀、弯曲的手臂来表示愤怒，这是上半身准备攻击的姿势；"爱"的寓意应该通过相反的方式传达，比如放松肩膀、倾斜头部和摊开双手的姿势。难怪世界各地陌生人之间的打招呼仪式都会使用摊开双手的姿势，这是信任与合作的标志。我们的灵长类近亲黑猩猩会用张开的手势来阻截攻击倾向，并营造出亲密接触、梳理毛发和亲情归属的友好气氛。

图10-5　人类展示浪漫之爱的手势；黑猩猩在冲突后摊开双手表示和解的姿势

在第一项研究中，我们让那些年轻的浪漫伴侣来到实验室，谈论爱和欲望的经历。这些相爱了很久（18个月）的年轻情侣聊了几分钟他们坠入爱河时的故事。比如，他们在凌晨3点的化学实验室相遇，玩滑板时相遇，被对方的脸书动态所吸引。通过逐帧分析，在清晰可见的密集画面中，我们可以看到4~5秒突然闪现又瞬即消失的画面——轻轻地舔嘴唇，噘起嘴唇，擦拭嘴唇，或者，笑逐颜开，歪着头，张开手掌。我们的问题是，这些仅仅几秒钟的短暂行为能不能映射出性欲和浪漫爱情的不同体验。

这就是我们的发现，而且还不止这些。在两分钟的谈话结束后，短暂的爱意表现增加了，男女双方都说感受到了更多的爱。这些爱的微动作与他们报告的欲望无关。相比之下，这些短暂的性欲表现，只与年轻情侣的性欲有关，而与爱情无关。当他们的爱人表现出更多的微笑、歪头、摊开双手的姿势时，他们会给予对方更多的爱，但不是欲望；当他们看到自己的伴侣表现出舔嘴唇和噘嘴唇等动作时，他们会给予对方更多的欲望。只要观察短短两分钟的对话，我们就可以通过仔细打量半秒钟的噘嘴或歪头微笑，把这两种伟大的爱（浪漫之爱和性欲之爱）区分开来。

随着对数据的进一步探索，我们还收获了更多的发现，这些发现可能会改变你看待坐在餐桌对面的伴侣的方式。那些表现出更强烈的爱的非语言表达的情侣报告了更高水平的信任和忠诚，他们实际上更有可能在 20 岁时做一些不寻常的事情，比如谈论结婚。那些被欲望冲昏头脑的情侣，实际上不太可能谈论在一起的未来（这会妨碍眼前的欲望），也不太可能对彼此做出长期承诺。有了这些知识，我已经准备好迎接女儿们暴风雨般的青春期。当女儿们的初恋男友来接她们去约会或者宣布他们的浪漫意图时，我已经精准掌握了我所需要的知识。如果我看到那些小男生谈论晚上的约会计划时，舔嘴唇和噘嘴的动作太多的话，那我就会握住他们的手，并礼貌地“护送”他们离开我的家。

随后，我们转而研究我们的化学资源——催产素。我和吉安、丽贝卡·特纳（Rebecca Turner）让一些女性谈论一种对另一个人产生强烈的温暖感觉的体验，这些女性血液中催产素的平均比例是男人的 7 倍（哦，太好了）。当她们讲述这些经历时，在回忆起爱之体验 15 分钟后，我们给她们采血和测定催产素。然后，在回放录像的过程中，我们把那些温暖的微笑、歪头、摊开双手、舔嘴唇、嘬嘴和吐舌头的动作进行编码。果然，只有温暖的微笑、歪头和摊开双手的姿势会随着催产素的释放而增加（见图10-6）。性欲的暗示与这种表示忠诚奉献和长期承诺的神经肽的释放没有任何关系。婚姻秘诀的支点很可能就是一夫一妻制的这些小分子。

图10-6 每年夏天，我都在柯克·库珀学校讲授"达尔文和情感表达"的课程。这里是4个9~10岁的孩子对爱的尝试，我不做任何描述和提示。我会让你们用敏锐的眼光去判断，在这方面做得更好的是女孩还是男孩。

信任

芭芭拉·埃伦赖希（Barbara Ehrenreich）在她的文化史著作《街头舞蹈》（*Dancing in the Streets*）中详细描述了人类不可抑制的舞蹈倾向，在集体欢乐和彼此爱的节奏中前进。人们在最早的人类陶器上发现了舞蹈的绘画。舞蹈是许多伟大神话的一部分，特别是在女祭司们纪念酒神狄俄尼索斯的时候。舞蹈是狩猎－采集生活的一种有规律的、仪式化的活动。除了吃饭，舞蹈可能是集体聚会（体育盛会、政治集会、家庭团聚、宗教会议）的唯一交集。

可是，早期的基督教教会很快就厌倦了公共舞蹈，因为舞蹈产生了颠覆性的激情，并可能很快播下异议或抗议的种子。不足为奇的是，教会的权威人物（我怀疑他们几乎没有节奏感）对人类的普遍存在的生活事件设定了极端的限制。但事实证明，这种努力永远都是徒劳的。跳舞的本能以各种狂欢的形式不断出现在教堂之外，并一直延续到今天。舞蹈可以出现在任何环境中，在教堂里，在游戏中，在学术会议上，在排队等车的陌生人中，在正式婚礼上随着乐队的节拍跳动的两岁孩子中。人们需要摆动臀部、晃动肩膀、一起拍拍手。

埃伦赖希观察到，我们的观念是认为舞蹈是性感的，这是一个普遍的错误。当然，我们早期难忘的舞蹈经历——我上八年级时在《天国的阶梯》（Stairway to Heaven）中激烈的曼舞，让我感到了"性刺激"。当然，八年级的任何事情都是"性感的"——代数课、拼字比赛、消防演习、午餐上的玉米热狗。但是，从这些经验中概括出一个关于舞蹈的宽泛陈述，其实是被误导了。

相反，舞蹈创造了一种对其他群体成员的爱，它协调了触摸、吟唱、微笑、欢笑和摇头的进化模式，在集体运动的汗水和狂喜中传播快乐的种子。舞蹈是实现这种力量的最可靠、最快捷的途径。这种神秘的感觉世世代代流传：同情，兄弟情谊，狂喜，仁义，这里我称之为信任。跳舞就是信任。

如果神经经济学家保罗·扎克（Paul Zak）能够研究在一场精彩的舞蹈后产生的那种特殊的爱（团体成员之间的爱）的神经关联，他可能会目睹催产素水平一路飙升到顶峰。扎克和他的同事发现，催产素是信任的生物催化剂，这是他对信任游戏的开创性研究中支持的一个观点。在信任游戏中，一个被称为"投资者"的受试者向另一个被称为"受托者"的人投资。"受托者"得到的钱的价值会增至三倍，然后，"受托者"再把一部分钱返还给"投资者"，"投资者"想要多少，"受托者"就给多少。就像生活中的许多领域一样，合作放大了所有人可能获得的潜在收益，但参与者需要冒信用上的风险，他们需要有一个核心的坚定信念和一种信任感，即"受托者"会把"投资者"慷慨捐赠的部分资金归还回去。

扎克在德国和瑞士进行的研究中（在这两个国家，通过实验研究催产素并不违法），通过喷鼻剂向"投资者"注入大量的催产素，或者一种中性的溶液。果然，在催产素的刺激下，我们的"投资者"给陌生人最多钱的可能性是控制组受试者的两倍多（见图10-7）。

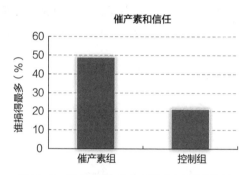

图10-7 催产素增加了信任游戏中的慷慨程度

我以前的一名学生贝琳达·康波斯（Belinda Campos）把这种对非亲属的爱称为"鸡尾酒之爱"，它随着催产素的分泌而增强，建立在信任和人性之爱的基础上。她的研究表明，这种爱的感觉（并非其他类型的爱）放大了对人性本善的信念。它伴随着给予、信任和牺牲的愿望。在一项研究中，我们考察了大学生在大学一年级期间向新社区（宿舍）的过渡。那些在进入大学之前感受到大量人性之爱的学生会更快地信任他们的新室友，并更快地结成密集的友谊网络。正是这种感觉让甘地说"人人都是兄弟"，让耶稣说"爱完全了律法"（《圣经·罗马书》第十三章第8-10节）。正是人性之爱在《自我之歌》(*Song of Myself*) 中编织着沃尔特·惠特曼（Walt Whitman）的宣言。

实证研究发现，社区的健康取决于信任和人性之爱。哈佛大学的罗伯特·桑普森（Robert Sampson）发现，在资源匮乏的小区里，孩子们在感受到邻居对他们的人性之爱时，会表现得更好。在这些小区里，成人与邻居的孩子们进行温暖的眼神交流，拍拍背给予安慰，说话时夹杂着鼓励的话语和振奋的语调，在非亲属孩子们的中间创造了一种信任和力量的感觉。在另一项关于离婚和破裂家庭的研究中，当父母离婚后，孩子们能感受到与身边其他成年人（邻居、老师、教练、牧师）的友谊和奉献时，他们对困境的承受能力要强得多。

在伴随我们成长的小群体中，几乎没有隔离亲属和非亲属的"高墙"。他们可能会分享关爱行为，合作积累资源，共同防御外界的侵害行为。我们在这些任务上的成功关键取决于对他人的信任感，以及人性之爱的出现。人类进化过程对此做出的回应是一系列根深蒂固的与爱和信任有关的行为，比如，奉献的感觉、舍己为人的感觉、对他人美好和善良的感觉、深情的触摸、催产素、大脑奖励回路的激活、大脑中威胁回路即杏仁核的关闭、相互微笑歪头、双手摊开的肢体语言和姿态、声音中柔和的深情语调。这些行为在父母和孩子的早期依恋活动中以及在婚姻伴侣之间安静独处的亲密时刻最为明显。这些行为模式很容易通过舞蹈和宴会等仪式传播给非亲属，成为友谊的基础。它们通过这些情感的感染力而随意传播。把一个襁褓中的婴儿从母亲抱到朋友那里，在共同照顾婴儿的人际交流中一起倾听宝宝的咕咕声，一起分享宝宝的微笑，然后再把宝宝放进摇篮里，如此种种——大家庭的感觉油然而生。

回到鸟类和蜜蜂的话题

在看到海象令人难堪的生活之后，如果我可以再次尝试帮助我的女儿理解爱的境界，我可能会试着带她们看完下面的这张图（见图 10-8）。此图描绘了社会科学对人类一生中各种爱的探索结果。也许我会从阿韦龙省的野男孩维克多的故事开始，相应的科学研究表明，在人类中，爱的关系（任何形式）都会减少抑郁和焦虑，带来更多的幸福、更健康的身体、更强健的神经系统，以及对疾病更强的抵抗力（更不用说那种良好的感觉了）。我会告诉娜塔莉和塞拉菲娜，心理学家劳拉·卡斯滕森（Laura Carstensen）一次又一次地发现，随着年龄的增长和生命终点的临近，爱的关系变得更加重要，爱也变得更加甜蜜。那么，为什么不从现在就开始呢？

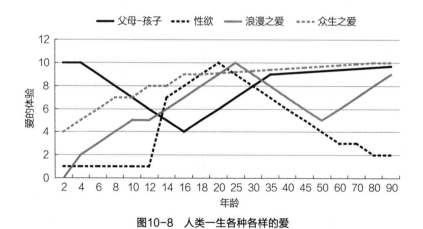

图10-8 人类一生各种各样的爱

我会告诉她们，父母和孩子之间的爱（黑色实线）有起有落，在青春期必然会减弱，那时她们自己（或 20 年后她们的孩子）将会奔向她们自己的浪漫关系。当这种情况发生在她们身上时，她们不应该感到惊慌（尽管我确信我会非常惊慌），照顾我们的人和我们照顾的人都会得到爱的回报，并转化为祖父母对孙辈的喜爱。这样的循环会一直延伸下去。

我会提醒她们去感悟最强烈的爱的喜悦、激情的爱（黑色虚线）带来的快乐，以及让人头晕目眩、心怦怦直跳的疯狂感觉，但我们千万不要被它那天仙般的魅力迷惑太久。研究人员发现，当生育后，尤其是有了孩子后的1~4年，爱恋关系会变得脆弱。随着爱情在生命中的消逝，正如我们（或者数十亿美元的美容产业）可能会认为的那样，其他形式的爱会变得愈加甜蜜。

我可能已经提醒过，她们在即将进入的浪漫爱情的黄金时期（灰色实线）之后，在抚养孩子的早期，浪漫的爱情出现了低谷，浪漫被年幼孩子的需求所取代——倾吐苦水、玩电话捉人游戏、发脾气。我会提醒她们在空巢期重新浮现的爱。我想让她们读一读婚姻学者斯蒂芬妮·库茨（Stephanie Coontz）的《婚姻简史》（*History of Marriage*）。她在书中指出，我们在婚姻中犯的一个错误就是把太多的负担放在浪漫的爱情上，我们需要更加多元化的爱情。我想说的是关于关系的新科学，它认为浪漫的爱情不能只靠激情维系。婚姻研究者约翰·戈特曼认为，婚姻需要许多其他积的情绪（如欢笑、玩耍、惊喜、善良、宽恕），才能达到"五种积极有益情绪对应一种消极有害情绪"的神奇比例，让婚姻长长久久。

我也会试着去描述众生之爱，这是一种对一切有情众生的爱（灰色虚线）。这种感觉是发现的重中之重，可以说是许多伦理体系的核心，比如从佛教到基督教的主要教派。这是一种产生信任、慷慨和稳定社会的爱。它是宁静操场上的空气、周日在公园里的漫步、博物馆和教堂里的虔敬。它可能是战胜全球变暖等问题的线索。请看惠特曼《草叶集》中的主体诗句：

> 和平、快乐和知识在我的身边瞬间充溢，
>
> 超越了人世间的一切艺术和争执，
>
> 我知道，上帝之手就是长兄的手，
>
> 我明白，上帝之灵就是长兄自己，
>
> 我清楚，世间男子皆为我的兄弟，
>
> 世间女子皆为我的爱人或姐妹，
>
> 爱就是造化的精髓。

我想表达的是，她们的生活、她们子女的生活、她们朋友的生活、她们未来居住的社区特征，都由她们对这四种激情的追求所塑造。我会祝福她们，希望生活的安排能让这四种爱充分表达出来。

在西班牙内战的某一天，乔治·奥威尔（George Orwell）与一个法西斯士兵面对面地遇上了。那士兵跑过来，气喘吁吁，衣衫不整，踉踉跄跄，用一只手紧紧提着自己的裤子。奥威尔拒绝开枪。后来他反思道："我当时没有开枪，部分原因是因为裤子的细节。我是来射杀法西斯分子的，但是，提着裤子的男人不是法西斯分子，他显然就是生活中的你我他，这时你不会想开枪打自己的同类。"看到那个法西斯分子裸露的胸膛、皮肤和凌乱的状态，奥威尔打消了杀人的本能。

历史学家乔纳森·格洛弗（Jonathan Glover）在《人性》（Humanity）一书中记录了20世纪战争中的许多类似的"同情心突破"。比如，美莱村大屠杀，柬埔寨的杀戮战场，卢旺达的种族灭绝活动。在这些时刻，士兵们打破了"以服从命令为天职"的军事守则，打破了格杀勿论的严格命令，被他们将杀害之人的人性所征服。最常见的情况是遇到儿童和妇女，例如，在美莱村大屠杀中，幼童和孕妇被砍头和开膛破肚，战士们的斗志就消沉了。在绝大多数情况下，"同情心突破"是由眼神接触而触发的，比如，看到敌人的瞳孔、皮肤上的毛孔、眉头紧锁的样子。

最具戏剧性的"同情心突破"案例就是纳粹集中营中的医生米克罗斯·尼斯利（Miklos Nyiszli）的故事。有一天，在毒气室清理尸体的时候，他发现了一个16岁的年轻女孩被埋在了一堆僵硬的尸体下面。主治医生条件反射地给这个年轻的女孩一件旧外套、一些热汤和茶，并安慰性地抚摸她的肩膀和背部。尼斯利试图说服集中营的指挥官救救她。其中一个建议是把她藏在集中营工作的德国妇女中间。指挥官思考了片刻，但这种念头瞬间消失，最终还是用他的方法杀死了那个年轻女孩——朝她的后脑勺开了一枪。

格洛弗认为，人类历史可以被看作是残酷与同情之间的较量，这在战争时期同情心突然爆发（即同情心的力量压倒了战争的法令）时得到了生动的揭示。你可以用同样的理由来解释人性。保全自我的战逃倾向与我们神经系统的电化学流体物质不断发生冲突。我们的思维在自我利益的压力和同情心的推动之间转换。婚姻、家庭、朋友和工作场所的潮起潮落，都遵循着这两股巨大力量之间的动态张力：原始的自我主义和善良驱动的利他主义。由于最近对同情心的研究，情绪研究正在经历其自身的"同情心突破"，揭示了这种照顾他人的情绪是我们的神经系统所固有的天性。针对这种情绪的研究，为婚姻、家庭和社区的健康状况提供了新的线索。

同情心的共谋

当查尔斯·达尔文在《人类起源》中首次阐述人类进化时，他得出了一个激进的结论："社会本能或母性本能比其他任何本能或动机都更强大"。他的推理是令人放松的直觉：在我们原始人类祖先的那些集体中，更有同情心的个体组成的群体更能成功地将更健康的后代抚养到生存和生育的年龄。繁殖是将基因传递给下一代的最可靠途径，也是进化的必要条件。

达尔文将同情心提升为人类最强烈的本能，并将其作为道德体系的基础，但这在西方思想史上并没有吸引多少追随者。更典型的是，同情和怜悯被报以轻蔑的怀疑或者彻头彻尾的嘲笑。托马斯·赫胥黎认为，进化并没有产生一种基于生物学的关爱能力；相反，善良、合作和同情是文化的产物。它是在宗教戒律和仪式范围内建立起来的。在支配公共交往的社会规范中，在社会体制中，它被编制成文，用以抑制、抵消人类卑鄙低级的倾向性。父母遗弃和虐待儿童、杀婴、虐待和种族灭绝的规律，即使不是压倒性的，也给赫胥黎的观点提供了令人信服的证据。如果科学家们企图从进化的生物学基础上寻找同情之心的话，那无异于想要"手抓空气"和"用风车吹倒实验室"。

哲学家玛莎·努斯鲍姆在她的情感研究史著作《思想的动荡》一书中指出，西方经典中其他有影响力的思想家的成就已经突破了这些条条框框。他们认为，同情心是一种不可靠的道德行为指南（参见下面的名言）。同情心是"盲目的"，它太主观了，不能成为良知和道德行为的普遍指南。同情心充满了个人的特殊关切（在我眼中毫无根据，而在你眼中是合理的）。同情心是"软弱无能的"，它削弱了个人伸张正义的艰苦努力。

> 同情心是美丽而亲切的，因为它显示了对其他人的仁慈的利益……但是这种善良的激情却是软弱的，而且总是盲目的。
>
> ——伊曼努尔·康德，《论优美感和崇高感》

如果任何文明要生存的话，那人们就必须摒弃利他主义的道德。

——艾茵·兰德，《信念与力量：现代世界的破坏者》

在新的压力和锤击之下，价值需要重估，于是，良心变成铁石心肠，心灵变得坚实如钢，这样它才能承受相应的责任之重。

——弗里德里希·尼采，《超越善恶》第203节

因此，一个想要保持权威的王子必须学会如何拒绝行善，并在必要的时候应用或避免行善的学问。

——马基雅维利

这些陈旧的观念蒙蔽了对同情的科学研究。然而，新的经验主义研究如雨后春笋般涌现，人们又重新认可了达尔文的观点。同情是一种植根于哺乳动物大脑深处的生物学上的情感，可能是由最强大的自然选择压力塑造的，人类进化是为了适应照顾弱势群体的需要。同情绝不是盲目的，它很好地适应了脆弱性。同情一点也不软弱，它鼓励勇敢的、利他的行动，往往会使自己做出巨大的牺牲。这些发现将建立在对神经系统的某个区域的研究上，这个区域直到最近仍是科学认识的谜团。

迷失的迷走神经

达尔文把同情称作最强大的本能，触碰到了西方正统思想血管中的一根神经。达尔文不知道的是，他还触碰到了另一根神经，也就是我们所知道的"位于胸腔内的迷走神经束"。它一旦被激活，就会产生一种扩散的感觉，在胸部产生一种温暖的感觉，在喉咙

产生一种哽咽的感觉。迷走神经（见图 11-1），起始于脊髓的顶部，然后蜿蜒穿过全身（"迷走神经"在拉丁语中意指"漫步迷路"），连接到面部肌肉组织、参与发声的肌肉、肺、心脏、脾脏和肝脏，以及消化器官。生理心理学家史蒂夫·波格斯（Steve Porges）在最近发表的一系列有争议的论文中提出，迷走神经是同情心的神经，是人体中负责关爱他人的器官。

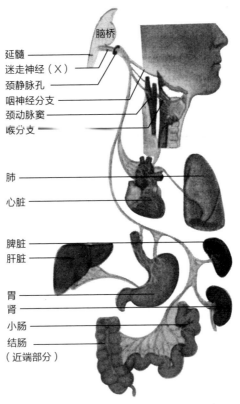

图11-1　迷走神经图

这是怎么回事呢？第一，波格斯注意到，迷走神经支配着与关爱行为有关的交流系统的肌肉群，包括面部肌肉组织和发声器官。例如，我们在研究中发现，当听别人描述痛苦的经历时，人们往往会有节奏地叹息，短短的 1/4 秒，用气息表达关心和理解。我们的研究发现，叹气是一种原始人类的呼气动作，能让叹气者战或逃反应的生理机能平静下来，并在说话者身上触发舒适感和信任感。当我们以舒缓的方式叹息，或者用关切的眼神或斜眉来安抚处于困境中的人时，迷走神经正在发挥作用，它刺激喉咙、嘴巴、面部和舌头的肌肉发出关切他人和打消顾虑的安抚性表情。

第二，迷走神经是我们心率的主要制动器。如果迷走神经没有被激活，你的心脏平均每分钟会跳动 115 次，而不是正常的每分钟72 次。迷走神经有助于降低心率。当生气或害怕时，我们的心脏会加速，每分钟确实要多跳 5~10 次，将血液输送到不同的肌肉群，让身体做好战逃准备。迷走神经的作用正好相反，它将我们的心率降低到一个更平和的速度，增加了与他人亲密接触的可能性。

第三，迷走神经与丰富的催产素受体网络直接相连，这些神经肽与信任和爱的体验密切相关。当迷走神经被激活时，刺激产生富有亲和力的声音，让心血管生理现象更加平静，就可能会触发催产素的释放，在大脑和身体中传递温暖、信任和热爱的信号，最终还会传递给其他人。

第四，迷走神经是哺乳动物独有的。爬行动物的自主神经系统与我们一样拥有最古老的迷走神经部分，即所谓的背侧迷走神经复合体，负责降低波动性的行为。例如，当身体受到伤害时的震惊反应。如果更大胆地推测，比如，社交羞辱时的相关羞耻行为。爬行动物的自主神经系统还包括与战逃行为有关的交感神经区域。但是，随着"关爱他人"开始定义一种新的物种（哺乳动物），神经系统的一个区域（迷走神经）便进化出来，以帮助支持这一新的行为范畴。

　　科学发展史学家们将查尔斯·达尔文评为"善良和温暖的极品"（相对于其他开创性的科学家而言）。比如，查尔斯·达尔文是贝格尔舰上唯一一位没有被贬损的乘客，而且他还是船长和船员的朋友。当达尔文在他的唐恩小筑（Down House）中写作时，在他的10个孩子的喧闹而充满爱意的场面中，他肯定感受到了与迷走神经有关的、胸部膨胀的温暖感觉。迷走神经的嗡嗡声可能是常常被忽略的达尔文理论（同情心和母性本能是人类进化的核心）的源泉，可以成人之美，也是高仁率的基础。大约130年后，一门新的科学方才产生类似的见解。

释放同情心的神经组织

　　史蒂夫·波格斯关于迷走神经的疯狂言论可能激发了威廉·詹姆斯的灵感。詹姆斯提出了这样一个概念：我们的情绪起源于自主神经系统的模式反应。自主神经系统是位于脑干下方的神经系统分支，负责协调血液分配、消化、性反应、呼吸等基本任务。还有什么更有说服力的证据可以证明"我们的情感体现在外围的生理反应中"呢？用维多利亚时代的语言来说，这就是"五脏六腑的混响"，而不是"人类最崇高的情感（同情心）在人类胸腔深处有自己的一束神经"。

　　威廉·詹姆斯的学生沃尔特·坎农（Walter Cannon）对他教授和倡导的"坐而论道式理论"不以为然。坎农反驳说，自主神经系统的反应并没有带来足够明显的意义来解释人们在情感体验上的许多区别。在心率、呼吸、鸡皮疙瘩、瞳孔扩张、嘴巴干渴和手掌出汗等方面，那些格式固定的生理变化永远无法解释感激、尊敬、同情、怜悯、爱、奉献、欲望和骄傲带来的细微差别。

坎农继续说，最重要的是，情绪的自主反应太慢，无法解释我们体验到的情绪或从一种情绪转移到另一种情绪的速度。自主神经系统通常在引发情绪的事件发生后 15~30 秒内产生显著的反应。显然，我们的情感体验上升得更快。例如，脸红在尴尬事件发生后大约 15 秒达到顶峰；相反，当我们意识到自己所犯的错误时，尴尬体验就会立即产生。在坎农看来，这个系统的运行速度太慢，无法解释我们情感体验的迅速涌现和灵活转变。

最后，或许也是最具说服力的一点，我们对自主神经系统的变化相对不敏感，比如，心率增加、手掌出汗、手臂或腿部血管收缩、脸红、肠道蠕动。例如，坎农指出，当人们的肠子被切割或烧伤时，实际上感觉不到什么。某些不那么夸张的实证研究发现，当受试者们猜测自己的心率快慢变化情况时，正确的概率往往比随机乱猜强不了多少。即使这些自主神经系统产生了特定的情绪反应，我们也不清楚我们能否通过有意识的大脑感知到这些身体变化。更不清楚的是，这些模糊感知到的身体感觉会不会转变成我们的情感体验。其中隐含的意思是，把同情的所有细微差别（对不值得的伤害的感觉、关切的感觉和共同的人性、渴望帮助他人的情怀）都归入像迷走神经这样广泛分布在周围神经系统中的东西，也是鲁莽的尝试。

我的学生克里斯·奥维斯（Chris Oveis）无所畏惧，他把自己的职业生涯押在了一个假设上，即迷走神经是一束关爱型神经。他从一个明显的地方（痛苦情绪）开始研究。从生命的第一刻起，人类就对能伤害做出反应。刚出生一天的婴儿在听到另一个婴儿的哭闹时就会哭闹，并不是因为他自己痛苦。许多两岁的孩子，在看到另一个孩子哭泣的时候，会用最纯粹的方式来安慰，他们用自己的玩具和姿态来表示对痛苦之人的明显关心。悲伤的面孔以如此快的速度呈现，受试者甚至不知道他们看到了什么，但依然触发了杏仁核的激活。

所以，我们首先会问：伤害能否激活迷走神经？另外，一种让我们倾向于远离弱者的情感，即骄傲之情，会不会激活迷走神经？"同情组"的受试者们看到的是营养不良的儿童、饱受战争之苦的儿童和处于困境中的婴儿，这些图片符合亚里士多德关于最能激发同情心的概念：另一个人遭受的极端和不应得的痛苦（见图11-2）。"骄傲组"的受试者看到了能激起加州大学伯克利分校本科生自豪感的校园地标的图片、加州大学体育赛事的图片，也许最鼓舞人心的是加州吉祥物——小熊奥斯基的图片（见图11-3）。

图11-2　唤起同情心的幻灯片　　　　图11-3　激发骄傲感的幻灯片

当受试者们观看了 2.5 分钟的幻灯片时，我们测量了他们迷走神经的活动，电极连接在胸部，腹部缠绕着一条带子来测量呼吸。测量结果显示为"呼吸性窦性心律失常"（RSA）指数。RSA 指数是在过去 15 年中开发出来的，用来捕捉迷走神经的活动。它的工作原理如下：当我们吸气时，迷走神经受到抑制，心率加快；当我们呼气时，迷走神经被激活，心率减慢。这就是为什么许多呼吸练习优先考虑呼气，这可能是抚慰心灵和唤起同情心的源泉。迷走神经控制着呼吸运动，而呼吸运动影响着心率波动。因此，我们可以通过捕捉心率变化与呼吸循环变化之间的关系来测量迷走神经反应的强度。

克里斯研究的第一个重要发现是，短时间观看伤害场面的图像比让受试者感到骄傲的图像更能触发迷走神经的激活。也许，更有说服力的是，受试者体验到的同情和骄傲，正如詹姆斯假设的那样，对迷走神经活动的波动相当敏感。受试者报告说，他们的同情心随着迷走神经活动的增加而增加，但自豪感随着迷走神经活动的增加而下降。随着迷走神经反应的增加，受试者们倾向于关爱他人，而不是关注自己的强大之处。

不管受试者感觉到同情还是骄傲，实验表明他们与其他 20 个群体有着相似的感觉，还与这些人有着共同的人性——民主党、共和党、圣徒、小孩、重罪犯、恐怖分子、无家可归者、老人、农民，甚至斯坦福大学的学生（有点不可思议）。为什么要做这种古怪的任务呢？为了确定同情心是否会改变人们与他人相似性的感知，这是促成利他行为的有力因素。哲学家彼得·辛格（Peter Singer）认为，这种"你我同感"（爱心圈子）是一种核心伦理原则，作为伦理思想进化的一部分而出现。用辛格的话说，人类的进化已经：

> 赋予了人类同情心——将他人的利益与自己的利益同等对待的能力。不幸的是，在默认情况下，我们只把它应用于非常狭小的朋友圈和家人圈。那个圈子之外的人被视为亚人类，剥削和利用他们可以不受惩罚。但在历史进程中，这个圈子已然扩展……从村庄扩展到宗族，到部落，到国家，到其他民族，到其他人种……再到其他物种。

这种不断扩大的"爱心圈子"催生了一种人人平等的信念，将个人利益延伸到他人身上。它是许多人坐禅修行的目标，通过修行来以仁爱之心对待一切生灵。它是由精神领袖（从佛陀到耶稣）所倡导的，也是"仁"的关键所在。这是一种深层的直觉，与人类胸腔深处的迷走神经的活动交织在一起。我们的受试者需要通过观看伤害场面的图像来感受同情，他们的同情带来的爱心圈子比骄傲更广泛，与那 20 个群体的"你我同感"更强烈。这种与他人相似的感觉，随着个体迷走神经刺激强度的增加而增加。当我们更仔细地观察同情者和骄傲者与哪个群体的相似感最高时（见图 11-4），我们发现，在他们评价过的 20 个群体中，骄傲感让人们感到与那些强大且资源丰富的群体更相似，比如，伯克利大学和斯坦福大学的本科生、律师和类似群体（最右边的黑色柱体）。另外，同情心让人们感觉自己更像弱势群体，比如，无家可归者、病人、老人（最左边的灰色柱体）。同情绝不是盲目的，也绝不是主观的偏见。它会让人们把同情心准确地给予那些需要同情的人。

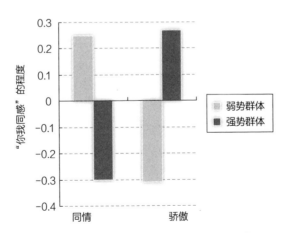

图11-4　同情心使人们觉得自己与弱势群体相似；
骄傲感使人们觉得自己与强势群体相似

利他主义的圣杯

某些生产理论的家庭作坊似乎专门把利他主义行为的原因归结为人们自私自利的动机。下面举例介绍：菲利普·古雷维奇（Philip Gourevitch）的《向您告知，明天我们一家就要被杀》（*We wish to inform you that tomorrow we will be killed with our families*）和电影《卢旺达饭店》（*Hotel Rwanda*）对保罗·路斯沙巴吉那（Paul Rusesabagina）在卢旺达种族灭绝期间的非凡英雄主义进行了有力的描写。路斯沙巴吉那冒着自己和妻儿的生命危险，从实行种族灭绝的胡图族武装"国家发展革命运动"的手中拯救了数百名图西族人（他是一名胡图族人），将他们庇护在他管理的米勒斯·科林斯酒店里。在社会科学中，这些勇敢的行为很容易被归因于自私的基因，归因于拯救亲属的欲望，或者归因于简单纯粹的自我利益。弗洛伊德学派的理论家们甚至也参与其中——强调利他行为是一种防御机制，我们可以通过它来抵御更深层次的、不讨好的、产生焦虑的自我保护意识。比如"如果我捐钱给慈善机构，那么我就不会多想我有多恨我的父亲！"在这场由来已久的关于人性本善的辩论中，有关自私动机的说法（我们和保罗·路斯沙巴吉那一样，在最好的日子里，我们表现得无私，因为我们天生就会关心他人），只能屈居于利他主义的自私动机论之下。

伊曼努尔·康德在一篇关于崇高与美的文章中，集中讨论了同情心使人们在面对不公时变得软弱和被动的可能性。康德观察到（虽然有点跑题了）：

> 因为我们的心不可能因为对每个人的好感而膨胀，不

> 可能因为每个陌生人的需要而忧伤；否则，善良的人会像
> 赫拉克利特那样融化在不断流淌的同情之泪中。有了这种
> 善良的心肠，他只会变成一个温柔的懒汉。

同情会让人变得消极、胆小、忧郁，变成像哲学家赫拉克利特那样"温柔的懒汉"。赫拉克利特以其关于人性总是不断变化的论点而闻名。我们应该感谢丹尼尔·巴特森（Daniel Batson）和南希·艾森伯格，他们提出了这个根深蒂固的观点，并收集了经验数据，表明同情心就是利他主义研究者的圣杯。这是一个纯粹的、以他人为导向的状态，激发利他主义行为，就像保罗·路斯沙巴吉那在卢旺达种族灭绝中勇敢地表现出来的那样。

巴特森认为，任何高尚的或利他的行为都可能有多重动机，这为他的实证研究奠定了基础。看似无私的行为，比如，给慈善机构捐款、熬夜帮助同事、爬树救下小猫咪的小孩子、帮助老太太走过结冰的马路等，往往都是出于自私的动机。其中一个自私的动机是减少我们看到别人受苦时所感受到的痛苦（看到别人受苦时所感到的痛苦依然不可小视）。另一个是社会赞扬的诱惑，我们帮助那些需要帮助的人，目的是赢得课堂上的小红花、童子军徽章、公共服务奖、父母的点头赞许，并提高我们在同龄人眼中的声誉。

巴特森还认为，从理论上讲，这种行为可能会温暖达尔文的心，或者更准确地说是温暖他的迷走神经，因为达尔文坚持认为，人类有一种以他人为导向的情感状态，这可能是利他主义的源泉，也是同情心的源泉。问题是：如何证明这种无私的同情心产生了利他主义？巴特森对这一挑战的解决方案是把人们放在一个实验中，让他们面对需要帮助的人，结果，他们的同情心和自私动机（不想帮忙，悄悄溜走）的体验发生了冲突。如果一个人在这种自私动

机和同情的冲突中观察利他行为，我们可以推断，同情心赢得了胜利，并激励了利他行为。这有点像测试一个新的恋人，前提是允许他或她与对方产生亲密的感情。如果在这种爱情测试中，他或她回到你的身边，对你情意绵绵、忠贞不渝，那么，你已经知道了爱的承诺。

在第一个研究中，巴特森让受试者们观察另一个受试者（实际上是研究人员的同伙）完成一项记忆任务的情况。每次记忆出错，这个人就会挨一次电击，他会缩成一团，双肩颤抖。由于受试者容易离开实验室，因此只看到了十次电击中的两次。当时，受试者可以自由离开。在这种情况下，受试者应该受自私倾向的支配，在目睹他人受苦时为了减少自己的痛苦，受试者所要做的就是离开。在另外一种情况下，受试者必须看着另一个人承受所有的十次电击。

在前两次电击实验之后，接受电击的人脸色开始变得有点儿苍白。他咕哝着说要一杯水喝。他提到了不舒服的感觉，并讲述了童年时的一次创伤性休克经历。当研究人员询问受试者的感受时，受试者报告了自己在那一刻感到的痛苦和同情之心。然后研究人员提出了一个主意：受试者们会替这个人去接受一些电击吗？很明显，受试者害怕会受到电击，对我们当前利益的关键考验是，在这种情况下，他们感到同情的时候也可以自行离开。他们神经系统的哪一个分支占了上风，是自私心还是同情心？同情心！这些受试者感受到胸中涌起的同情，但听到彻底出于自身利益的声音（可以拍拍屁股走人），这时候，他们却甘愿代替另一个人承受几次电击。

你可能会担心，那些愿意接受更多电击的受试者只是为了给研究人员留下深刻的印象。这种质疑合情合理。即使是在完全匿名的环境中，同情心也会驱动利他行为吗？缺乏获得社会回报和他人尊重的机会，是否会抑制我们高贵的利他倾向？这个古老的问题激发了巴特森下一步的研究。在这次研究中，女性受试者与另一名受试者（实际上是研究人员的同伙）坐在不同的隔间里，通过交换纸条进行交谈。一些受试者接到指示，要在阅读纸条时尽可能客观，要专注于手头的事实。另一些受试者接到指示，要尽可能生动地想象那个交流者（也就是研究人员的同伙）的感受，并引导他们去感受同情心。

受试者读到的第一张字条来自一个名叫珍妮特·阿诺德的学生，珍妮特承认自己在堪萨斯大学的"新家"中感到格格不入。她来自俄亥俄州附近起伏的山区，有点儿难以适应堪萨斯州劳伦斯市的人居环境。在第二次交流中，珍妮特表达了对朋友的强烈需求。她直截了当地问那个受试者，是否愿意一起出去玩。在阅读第二张纸条时，这个受试者得知珍妮特已经完成任务并离开了实验室，她接下来的任务是表明自己愿意花多少时间和珍妮特在一起。她的回答要么会被珍妮特和研究人员看到，要么完全匿名。回信的会是主动提出和珍妮特在一起时间最长的那个人吗？不，回信的是那个感到同情且处于匿名状态的人。

强有力的证据仍将证明，无私忘我的利他行为与迷走神经的激活有关。南希·艾森伯格收集了这样的数据。在一项颇能说明问题的研究中，小学生（二年级和五年级）和大学生观看了一个年轻母亲和她的孩子们最近在一次暴力事故中受伤的录像带。在医院疗伤期间，孩子们不能上学。看完录像带后，孩子们有机会在课间休息时把作业交给正在医院康复的孩子（因此牺牲了宝贵的玩耍时间）。那些自称有同情心的孩子和那些在观看视频时表现出心率减速（迷走神经活动的标志）以及斜眉表示关切的孩子（见图 11-5 和图 11-6）更有可能帮助住院的孩子。相比之下，那些畏缩的孩子，那些表现出痛苦的孩子，那些表现出心率加速的孩子，也就是那些对自己的痛苦做出反应的孩子，提供帮助的可能性更小。这些发现澄清了一个论点：积极关心他人的人——而不是对他人的痛苦做出简单反应的人——才是同情心的源泉，可以引领利他主义行为。

图11-5 眉毛倾斜和嘴唇紧绷表示同情，这预示着利他行为将会发生。　**图11-6** 痛苦地畏缩预示着她要远离那些正在遭受痛苦的人。

这些科学研究反驳了康德、尼采和兰德关于人性本善的颇具影响力的主张。同情心并不是一种盲目的情感，它不会随便抛向某个事物。相反，同情心精确地瞄准了其他人身上受到的伤害和脆弱性。同情心不会让人变成眼泪汪汪的懒汉、道德上的懦夫、消极的旁观者，而是会愿意承担他人的痛苦，即使有机会逃避这种困难的行为，或者在匿名的情况下也不会袖手旁观。善良、牺牲和"仁"构成了健康的社区，它们源于一束神经。在1亿多年的哺乳动物进化中，它一直在产生关爱他人的行为。而那些拥有高度活跃的迷走神经的人的人生，又为我们如何一生为善的故事写入了新的篇章。

迷走神经的超级明星

我们体验特定情绪的倾向决定了我们是谁，纵然这些情绪转瞬即逝也无妨。情感塑造了我们最深层次的信仰和核心价值观、我们的人际关系、我们选择的职业、我们处理冲突的方法、我们喜欢的艺术、我们喜欢的食物、我们的生活轨迹，以及我们的配偶、孩子和朋友的人生轨迹。笛卡尔说的"我思故我在"并不完全正确，如果他说"我感觉，故我在"，那就更切中要害了。

请想一想人们对"羞怯"的认识。羞怯是威廉·詹姆斯、弗吉尼亚·伍尔芙以及其他许多揭开情感奥秘的人所特有的一种气质风格。在生命早期，羞怯的个体表现出极度活跃的恐惧系统，或称HPA 中枢，这种系统塑造了他们人际关系和人生选择的模式。多亏了哈佛大学心理学家杰罗姆·凯根（Jerome Kagan）的纵向研究，我们才知道了这一点。根据 4 个月大的婴儿对新奇玩具的恐惧和痛苦反应，凯根发现，他们非常羞怯。让我们快进到 7 年前，看看凯根对社会群体中的这些儿童进行的观察：4 个月大就被确诊为羞怯型儿童的，很可能是全班仅有的两三个徘徊在操场边缘郁郁寡欢的孩子。他们往往善于观察和分析，而不是像同龄学生那样面对面地进行令人眼花缭乱的互动（我敢打赌，相当多的作家都是这样的）。羞怯型孩子在听到小说或者从事复杂的认知任务时会有更强烈的应激反应（例如，心率升高、瞳孔扩张、皮质醇反应）。同样是这些人，在他们 21 岁时，在功能磁共振成像扫描仪中，当给他们看自己从未见过的新面孔的幻灯片时，他们的杏仁核显示出更强的激活作用。当阿夫沙洛姆·卡斯皮（Avshalom Caspi）研究羞怯型人群的成年生活时，他发现，与这里的分析相吻合的是，羞怯型的人比外向型的人多花了将近 2 年的时间才步入婚姻殿堂，而且，他们也花了更长的时间才找到一份稳定的工作。那些 4 个月大就懂得害怕的孩子，对新玩具的出现感到震惊和痛苦，血管和全身上下搏动着战逃反应的一系列生理心理机制，很可能会过上一种有节制的生活，面对亲密关系时也会犹豫不决。

如果迷走神经是一个关爱型器官，那么，人们就会认为，具有较高的迷走神经活动的人应该享有更丰富的社会联系网络，表现出高度热情的关爱行为，并将同情心作为他们情感生活的中心。新的研究发现事实正是如此。在一项研究中，我和克里斯·奥维斯在10月份把伯克利大学的本科生带到我们的实验室，在他们安静舒适地坐着休息时，测量他们的迷走神经活动（推导出了一种称为"迷走神经强度"的测量方法）。我们的兴趣是追踪那些在休息状态下有着较高迷走神经活动的人（不妨称之为"迷走神经的超级明星"）的生活。7个月后，当他们回到实验室时，我们发现，他们展示出更高水平的外向型特质，这是因为他们的社交能力强，拥有良好的友谊和社交联系，而且为人随和、热情善良、关爱他人。7个月后，他们的情绪表情更加乐观，总体心态更加积极，身体也更加健康。当看到伤害的场面和美丽的照片时，他们表现出更高水平的同情和敬畏——他们的思维在审美领域更加活跃。

也许最引人注目的是，我们发现迷走神经的超级明星更倾向于对神圣事物的蜕变体验。在评估了受试者的迷走神经基线活跃度大约3个月后，我们给他们发了电子邮件，问了以下问题："在大学期间，人们有时会有一些经历，这些经历会对他们的意义感和目标感（或者说，他们如何看待自己或世界的方式）产生重要的影响。从你第一次来实验室参加这个项目开始，请描述一下你有过什么类似的经历？" 65%的受试者报告说，在最初参与实验和查询电子邮件的3个月期间，他们有过这样的蜕变体验。比如，讲述大自然的故事、参加政治集会、聆听一个鼓舞人心的人谈论全球变暖或自由市场的话题，亲友离世和对死亡的沉思时刻，还有执着于精神修行的经历。这个时代是知识爆炸和变革的新时代。下面举几个例子：

"我和我的堂哥去了冬令营，我们在山里待了四天。昨晚有一位演讲嘉宾传达了一个非常有力的信息。这让我觉得冥冥之中命运好像对我另有安排。"

"父亲去世后，我思考了人生的目标是什么。这改变了我，我和家人更亲近了，我比以前更有责任感了。"

当我们对这些令人脱胎换骨的故事进行编码时，出现的核心主题是转而与他人建立更紧密的联系，这是一种舍己为人的利他主义的倾向。是的，迷走神经比较活跃的人更有可能体验到这种蜕变。

因此，迷走神经活跃度的提高，会使人的生活更加温暖，社会联系更加紧密。南希·艾森伯格发现，休息状态下的迷走神经活跃度较高七八岁的孩子更加乐于助人，对需要帮助的人更有同情心，对待朋友更倾向于亲社会行为，体验到的积极情绪也更多。休息状态下迷走神经活跃度较高的大学生能够更好地应对大学考试期间、职业选择以及感情生活的狂躁起伏所带来的压力。在失去婚姻伴侣之后，休息状态下迷走神经活跃度较高的人通常能更快地从丧亲带来的抑郁症状中恢复过来。事实证明，在另一个极端，迷走神经活跃度较低的人们则体验到了严重的抑郁，以及随之而来的社会联系的枯竭。

如果威廉·詹姆斯是心理生理学家，拥有一间实验室能够研究迷走神经，我怀疑他会把沃尔特·惠特曼请来，因为后者能给前者带来灵感，这也是后者关于乐观精神的著作的来源。詹姆斯注意到，惠特曼以善良、慷慨和乐观而著称。如果詹姆斯招募惠特曼作为受试者，并将电极连接到他的心脏附近，把呼吸带绑到他的腰上，以得出惠特曼的迷走神经基线活跃度的评估数据，我打赌，詹姆斯会发现惠特曼的迷走神经活跃度高得惊人，每当想到我们人类的美丽或是草叶的神妙时，惠特曼都会兴奋不已。

无私基因的传播

早期原始人类社会组织的巨大变化，与那些极度脆弱但大脑发达的后代的诞生有关。奇怪的是，成功地将基因遗传给下一代，就是以前所未有的方式将那些依赖性强的幼崽培育到可以生存繁衍的年龄（13~14岁，太久了，真恐怖）。我们脆弱的幼崽将男性和女性生存繁衍的传统交配体制逐步演化成一夫一妻制模式。我们脆弱的幼崽需要照顾，这让父亲们行动起来——原始人类的父亲为后代提供的照顾比所有其他灵长类动物都多。莎拉·布拉弗·赫迪（Sarah Blaffer Hrdy）在《母性》一书中写道，我们幼崽的脆弱超出了任何单亲父母的照顾能力，因此需要建立在亲戚和朋友之间轮班换岗之上的合作育儿体系。对于我们早期的灵长类祖先来说，要么悉心照料，要么任其死掉。

我们大脑发达的幼崽的极度脆弱性，与我们的关爱本能紧密相连，它在我们身上创造了一种基于生物的同情能力。它产生了迷走神经，承载着催产素受体，这是奉献、牺牲和信任的感觉来源。它产生了一系列丰富的信号：共情的叹息、倾斜的眉毛和舒缓的触摸。这些信号会触发迷走神经反应，并在接受者体内释放催产素和阿片类物质，产生一种广阔的关爱之情。它在皮肤表面下产生特定的细胞，这些细胞会对缓慢的、抚慰性的同情触摸做出反应。自然选择的进化规律迫使我们关爱下一代。这种关爱在下一代身上催生了一种难以形容的美丽品质。正如许多人所认为的那样，这种优良品质能够重置父母的神经系统，使其更倾向于关爱他人。当父母看到他们新生婴儿的照片时，眶额皮层被激活，同样被激活的还有被称为"中脑导水管周围灰质"的区域，这是一组丰富的神经元，用于协调灵长类动物梳理毛发的行为定式。婴儿的唤起能力是如此之强，以至于长着娃娃脸的成年人（大额头、大眼睛、小下巴）也会激发其他成年人的信任和喜欢，并且减少遭遇惩罚的倾向（如果你正在受审，最好把额头和眼睛放大一点，因为娃娃脸会让你受益匪浅）。

但人类进化并未就此止步。关爱行为对人类的生存如此重要，以至于我们选择了各种方式的关爱，以确保与人为善的能力被植入原始人类这种新型的基因结构中。第一种是通过性选择，达尔文最初描述了这个过程，根据该过程，某些个体在与同性竞争中占得优势，以获得交配机会，从而获得繁衍机会，并增加将自己的基因传递给下一代的可能性。什么样的人在性市场、单身酒吧、闪电约会和网上婚配，以及现代生活中常见的婚姻中介场所中占主导地位？丰满嘴唇的女人，还是六块腹肌的男人？实际上，杰弗里·米勒认为，胜利属于善良的人。

看看图 11–7 中展示的数据，这是迄今为止规模最大的关于择偶偏好的研究，涉及 37 个国家的 1 万名受试者。大卫·布斯（David Buss）在生育年龄（20~25 岁）的人群中做了一项调查，让他们说明不同特质对潜在的恋爱对象有多重要（0 = 不重要，3 = 不可或缺）。他发现，人们议论最热烈的问题就是择偶偏好方面的性别差异直至今天，在社会科学领域仍存在一些最能引起争议的问题：男人比女人更看重美貌，他们喜欢那些拥有丰满嘴唇和沙漏体型的女人，因为她们的生殖潜能处于顶峰（见右边的两个柱体）；女性面临抚养子女的极端成本，表现出对白发苍苍、雄心勃勃、钱包鼓鼓的伴侣更大的偏爱（见中间的两个柱体）。

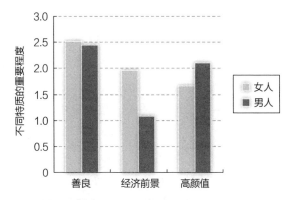

图11-7　善良是男人和女人在浪漫伴侣身上寻找的最重要的品质

在热议这项研究的同时，我们还漏掉了一个发现：无论男女，在寻找爱情时最重要的标准都是善良，这是被调查的 37 个国家普遍存在的现象。与有爱心的人亲密交往，有很多明显的好处，他们是我们这个世界的"迷走神经的超级明星"。他们很可能会为后代贡献更多的资源。他们更有可能提供肢体关爱（触摸、保护、玩耍、爱恋），并创造出对生存至关重要的合作关怀型家庭。他们更有可能培育出到了婚配年纪可以在择偶博弈中表现良好的后代。据推测，他们应该不太可能带着人见人爱的第三者私奔。正如达尔文很久以前所推测的那样，善良个体的性偏好具有进化意义。他辩称："同情心……会通过自然选择而增加；因为那些包含最具同情心成员最多的群体，将会发展得最好，并养育最多的后代。"

人类进化还要更进一步。社会选择的种种压力迫使我们对富有同情心的人产生好感，愿意与他们交朋友，并注他们，给予他们较高的等级地位。我们只能在社会中生存，在群体中生存，当群体中有善良的个体时，情况会更好。在研究中，我们要求不同小组的个体以自由的形式谈论随机挑选的组员的社会声誉。我们给"妇女联谊会"的姐妹们提供了一个互相八卦的机会，简单地让她们说出其他不在场的"妇女联谊会"成员的绰号，以及什么样的活动可以证明这些绰号合情合理。这种声誉讨论的中心问题并不是你想象的那样，关于有的成员酗酒或服用违禁药物，有的成员有着令人讨厌的怪癖——在深夜两点钟敲鼓、不洗碗，或者乱扔臭袜子或脏内衣，让别人看到而且闻到。相反，声誉话语的焦点是其他成员的善良和温暖。她们私下里的聊天、玩笑和八卦都集中在那些缺乏善意和同情心、对团队和谐构成威胁的人身上。我们通过声誉核实流程搜寻出冷酷、自私、背后中伤的马基雅维利主义者。比如，八卦，也就是关于其他成员最近做过的事情的闲谈。

事实上，关爱他人的能力对人类生存如此重要，以至于新的数据表明，我们天生就有能力去辨别谁是可信可靠的照顾者，并优先信任那些"迷走神经的超级明星"，并为他们提供资源。在一项探究这种推理的研究中，受试者与一组"迷走神经的超级明星"和一组迷走神经活跃度较低的人（我们称之为马基雅维利主义者）玩了信任游戏。这些受试者首先在录像带上观看每一个"迷走神经的超级明星"或马基雅维利主义者与另一个人的 20 秒钟对话。声音关闭了！"迷走神经的超级明星"和马基雅维利主义者发出的暗示线索微乎其微（点点头，双手摊开的姿势，眼睛一闪而过）。受试者的任务是表明他们有多相信某个"迷走神经的超级明星"或马基雅维利主义者。然后，他们给每个"迷走神经的超级明星"或马基雅维利主义者一些钱，这些钱会通过网络发给那个人，而且是原来的三倍。录像带上的那个人会把一些钱还给我们的受试者。

正像在现实生活中那样，我们的任务是信任那些值得信赖的人。给予合作程度更高的"迷走神经的超级明星"的礼物，更有可能得到礼尚往来的回报。避免慷慨地对待马基雅维利主义者，可以防止受试者被这类竞争型的人所利用。事实上，我们的新受试者更信任"迷走神经的超级明星"。他们还给了"迷走神经的超级明星"更多的钱。支持同情和利他主义的神经系统分支（迷走神经）在与陌生人的短暂邂逅中可以被人察觉，还可以得到回报。这就是"善有善报"！

同情的突破口

当被问及"是什么将世界各种宗教的伦理道德统一起来"时，学者凯伦·阿姆斯特朗（Karen Armstrong）给出了一个最简单的答案："同情心。"这个问题的进化论版本是：在人类社会性的进化过程中，产生核心道德观念的适应能力是什么？进化论者会得出一个相似的答案：同情心。在这一点上，有宗教倾向的人和进化论者会达成共识。

同情心在高仁率的合作型社群中的核心地位，使其成为那些对人类社会生活有着相反看法的人随时准备攻击的靶子。希特勒也知道，怜悯之心（即同情心）会破坏他的庞大计划：

> 我的说教工作异常艰难。我们必须剔除弱小的东西。在我的日耳曼骑士团的堡垒里，年轻的一代将会长大，世界将会在他们面前颤抖。我希望年轻人暴力、跋扈、无畏、残忍。年轻人就要这样。他们必须能忍受痛苦。他们绝对不能软弱或温柔。自由而华丽的猛兽必将再次从他们的眼中闪现。

希特勒党卫军的早期行为（在面对面的战斗中射杀妇女和儿童）导致了士兵酗酒、抑郁和开小差。结果，党卫军军官的训练方式发生了改变，从灵魂中剔除出了所有温和的东西，只留下了掠夺者的那种眼神。党卫军军官受命用犹太人做靶子练习射击。一些党卫军军官还被迫亲手杀死自己的宠物。犹太人被非人对待，被当作牲畜车里的动物，被迫在公共场所大小便，还被用于疼痛极限的研究。

今天，我们正在进行一场更为微妙的关于同情心的斗争。在煽动家的意识形态或法西斯主义的社会工程中我们都没有发现过这种斗争。它存在于我们的文化生活中。暴力的电子游戏，充斥着广告的网站，虚拟数字世界中"脆弱的人际关系"，所有这些都削弱了面对面和肌肤相亲的同情心基础。这种斗争可能会以永久性的方式塑造我们孩子的神经系统。最近的神经科学证据表明，大脑中激发同情心的区域（额叶中与共情和换位思考相关的部分）会持续发育到 20 多岁。同情心是可以培养的。

当里奇·戴维森扫描了一位佛教僧人的大脑时，他发现后者的大脑在左额叶静息状态下的活跃度方面异于常人。大脑的这个区域支持与同情相关的行为、感觉和思维。经过多年的修行，他的大脑彻底改变了，充满了与同情有关的神经功能。

好吧，你的批评总是正确的：如果你像佛教僧人那样，大脑处于静息状态，每天冥想 4~5 个小时，坚持不懈地思考慈悲为怀的问题，你确定你的大脑活动不会左移吗？这个问题有道理。六周后，当里奇与乔恩·卡巴特-辛（John Kabat-Zinn）及其同事让软件工程师们训练正念冥想（一种对思想的接受意识，对他人的慈爱之心）的技巧时，这些人的左额叶活动增加了。他们的免疫功能也增强了。他们也许没有穿和尚的袈裟，但至少他们的思想在朝着那个方向前进。

最近的科学研究识别出了培养同情心的环境类型。这种道德情感是在这样的环境中培养出来的：父母会做出反应，会和孩子玩耍，会抚摸孩子。同样，同情也会提醒孩子不要伤害别人。家务劳动和三代同堂都是培育同情心的环境。让同情成为晚餐时间谈话和睡前故事的主题，可以培养这种重要的情感。即使以如此快的速度接触到视觉上呈现的这些概念（比如"拥抱"和"爱"），受试者所看到的东西也可以提升同情心和慷慨情怀。

同情心的力量就是这么强大。这是一种强烈的情感，与那些需要帮助的人相契合。它是勇敢行为的先驱。它被连接到了我们的神经系统，被编码到了我们的基因中。它对你的孩子、你的健康都有好处。最近的研究表明，它对你的婚姻至关重要。科学邂逅了"同情的突破口"，才把握住了这个代代相传的智慧。相当讽刺的是，同情心可能是追求自私自利式的幸福的先决条件。

第十二章 敬畏

一天下午，在威斯康星大学麦迪逊分校的一节植物学课上，约翰·缪尔（John Muir）听一个同学解释说一棵高大的、开花的刺槐树是如何成为豌豆家族的一员的。高大的黑色刺槐树和脆弱的豌豆植物，在大小、形状和外观上相差甚远，但却有着共同的进化史，这让缪尔感到震惊。他后来写道："这堂精彩的课让我着迷，让我满怀热情地飞向树林和草地。"

此后不久，缪尔离开了大学。他怀着极大的热情，徒步1000英里，踏上了自然主义者前往佛罗里达的朝圣之旅。1869年夏天，20岁的缪尔赶着几百只羊穿过内华达山脉，沿着一条蜿蜒的小道前往约塞米蒂国家公园。在这次旅行中，他把一本小日记本子系在皮带上。他几乎每天都写关于这些最初体验的日记，这些日记最终出版了，名为《夏日走过山间》（*My First Summer in the Sierras*）。缪尔刚旅行刚开始几天就写道：

> 6月5日
>
> 默塞德谷中有一段叫作马蹄湾的地方，在这里瑰丽的

景象尽收眼前。这是一片壮丽的荒野，似乎在用一千种旋律发出美妙的声音。勇敢点，下面是一个斜坡，长满了松树和一簇簇的山石兰，其间还有阳光充足的开阔空间，构成了这片风景大部分的前景，而中间和后面则是连绵起伏的山丘，一直绵延到远处，逐渐升高，变成了高山……整个景观展现了人类最高贵的雕塑般的精心设计。这般美丽的力量是多么奇妙啊！我敬畏地凝视着，我可能会为了它放弃一切。我多么快乐，我愿赴汤蹈火去追随这种力量，它展现了大自然的容貌——岩石、植物、动物，还有灿烂的天气。超越想象的美，无处不在！在下面，在上面，创造和被创造，直到永远。

第二天，缪尔沉浸在内华达山脉的无限美景中，又写下了下面这段话：

> **6 月 6 日**
>
> 现在，我们身处群山之中，大山环抱着我们，充斥着我们的每一个毛孔和细胞，点燃着我们的热情，使我们的每一根神经都在震颤。在周围的美景面前，我们的肉体和骨骼的皮囊就像透明的玻璃一样，仿佛是美景中不可分割的一部分，在太阳的照耀中，与空气、树木、溪流和岩石一起激荡。这是大自然的一部分，既不老又不年轻，没有生老病死、一枯一荣，都是永垂千古的……这是多么光荣的洗礼，又是多么彻底和健康的蜕变！从某种角度来看，过去的奴役生活几乎没有留下足够的记忆。

缪尔在内华达山脉的经历开阔了他的眼界，让他接受了新的科学见解。他是第一个提出约塞米蒂是由冰川形成的，而不是地震导致的，后一种说法是当时大多数人的共识。根据这些经历，缪尔在富有影响力的《世纪》（Century）杂志上发表了关于保护内华达山脉免受绵羊和奶牛破坏的必要性。这些文章发表在杂志的显要位置，促使美国国会在 1890 年 9 月 30 日通过了一项法案，将约塞米蒂定为国家公园。在这一成功的鼓舞下，缪尔于 1892 年成立了内华达山脉俱乐部，并一直担任其第一任董事长，直到他去世的那一天。

今天，回归自然的背包客在内华达山脉的"约翰·缪尔小道"上发现了高仁率，他们之所以来到这里，就是因为约翰·缪尔。市中心的孩子们也参加了内华达山脉俱乐部赞助的项目，在约塞米蒂国家公园附近徒步旅行。心理学家弗朗西斯·部（Frances Kuo）在她的研究中发现，在芝加哥的住宅项目中增加树木和草坪会让当地居民感到更平静、更专注、更幸福，犯罪率也会下降。她的研究检验了一个科学的假说，这个假说可以追溯到敬畏之情给缪尔带来的蜕变体验。

在约翰·缪尔的一生中，他抓住了"敬畏"这条线索，揭示了这种超然情感的结构。这是一种高强度的体验，几乎与出生、婚姻和死亡一样，会彻底改变人们，激励他们追求生命的意义和人类的至善。直到最近，科学对敬畏的研究仍然畏缩不前。也许老子的训诫是对的。老子曰：

> 道可道，非常道；
>
> 名可名，非常名。
>
> 无名，天地之始；
>
> 有名，万物之母。

也许，建立在物质主义名称和量化基础上的科学永远无法揭示敬畏的秘密。也许人类精神问题的运作遵循不同于物质主义的规律。为了不被这些担忧所吓倒，进化论者最近开始提出，缪尔的奇迹和敬畏体验是典型的情感案例，旨在使人们能够合作融入复杂的社会群体，平息自私主义的声音，并对集体怀有敬畏之心。

"敬畏"简史

约翰·缪尔可以站在内华达山脉的山脊上，在松树、石兰、花岗岩、瀑布和湖泊的环绕下，体验神圣的感觉，这为因崇高（敬畏）和美丽的本质而众说纷纭的思想家们提供了最好的证明。这些思想家将敬畏、惊奇和神圣的体验从宗教组织的束缚中解放出来。宗教之所以宣称拥有这种强大的情感，毫无疑问是因为它具有巨大的"净化"力量。最直接的原因是，缪尔在内华达山脉的经历直接弘扬了拉尔夫·沃尔多·爱默生的思想：

> 在森林里，我们恢复了理性和信仰。在那里，我觉得生活中没有什么是自然无法弥补的——没有耻辱，没有灾难（远离了我的视线）。站在光秃秃的地面上，我的头沐浴在沁人心脾的空气中，升入无限的空间，所有的吝啬和自私都消失了。我变成了一个透明的眼球；我什么都不是；我看到了一切；宇宙万物的电流在我体内循环。最亲密朋友的名字听来已感陌生而偶然：是兄弟还是熟人？是主人还是仆人？是一件小事还是一种干扰？我只是纯洁、不朽的大自然之美的爱人。

此外，爱默生可以在自然界传播超验主义，这要感谢启蒙运动的哲学家特别是埃德蒙·伯克（Edmund Burke），他更为世俗化的思考为"人类敬畏的能力是如何进化的"提供了线索。

在人类历史的早期，敬畏是指对神灵的感情。在通往大马士革的路上，保罗的皈依是由于他看到了一束令人目炫的亮光，他感到了敬畏和恐怖，还有一个声音命令他放弃对基督教徒的迫害。1757年，随着启蒙时代的到来、政治革命的爆发、科学的承诺悬空，爱尔兰哲学家埃德蒙·伯克改变了我们对敬畏的理解。在《关于我们崇高与美观念之根源的哲学探讨》（*A Philosophical Enquiry into the Origin of Our Ideas of the Sublime and Beautiful*）一书中，伯克详细描述了我们如何在听雷声、看艺术、听交响乐、观看昼夜更替的循环模式时，甚至是对不同性别的动物（公牛和母牛）产生不同的反应中，感受到崇高（或敬畏）的情绪。伯克观察到，气味不能产生崇高的感觉。在这些世俗化和纯描述性的观察中，伯克提出了一个他那个时代的激进观念：敬畏并不局限于对神灵的体验，它是一种由文学、诗歌、绘画、游历和各种日常感知体验所产生的扩展思想和伟大心灵的情感。

伯克认为，体验敬畏的两个基本要素是强权和卑微。关于强权，伯克写道："无论我们在哪里发现权力，无论我们以什么样的眼光看待权力，我们都会逐渐看到"崇高的感觉往往是权力恐怖的伴生物"关于卑微，伯克认为，当人们感觉到自己的头脑无法把握的事物之后，敬畏之情就会油然而生。在绘画中，模糊的形象（比如莫奈的作品）比清晰的形象（比如毕沙罗的作品）更容易产生崇高的感觉。专制政府让他们的领导人远离民众，在人民心中留下模糊的形象，以增强民众对领导人的敬畏之情。

今天在西方，敬畏之心已经摆脱了束缚，我们正在追随伯克的脚步。在我的研究中，当我要求受试者讲述自己最后一次敬畏体验时，他们通常会回忆起让伯克感兴趣的经历。自然和艺术的体验、魅力不凡的社会名流、对神圣事物异常强烈的感知体验，以及冥想、祈祷或修行时的体验，都唤起了他们的敬畏之情。但是，民主精神已经通过敬畏传播开来。人们也可能会回忆起这样的敬畏体验：当波士顿红袜队[⊖]打破诅咒时，当史蒂夫·瑞奇第一次来到切茨潘尼斯饭店（Chez Panisse）并喝完一碗芹菜汤时，读完《卡拉马佐夫兄弟》时，在心理治疗过程中真正了解自己时，当孩子降生时，当最后体验性交、酗酒、做清醒梦时。敬畏也一直被用来为邪恶服务，只要想想希特勒的集会，就会意识到这种神圣的情感是多么容易被用于邪恶目的。

人们对敬畏之情的认识与表述经常有谬误之处，我和琼·海德特（Jon Haidt）提供了以下关于各种敬畏的分析（见表 12–1）。

敬畏的典型体验包括感知到的"浩瀚"，也就是我们体验到比自我或自我的典型参照系大得多的东西。浩瀚可以是外形（站在一棵 389 英尺高的红杉树旁边；看到球星沙奎尔·奥尼尔 22 码的巨型高帮运动鞋，或者墨西哥庞大的奇琴伊察文化建筑）。浩瀚可以是声音（雷电的轰隆声）。浩瀚也可以是社交（在名人旁边用餐）。当思想观念、情感经验和感官知觉超越了以往的经验或历史的极限时，它们也是浩瀚的。当"浩瀚"的东西需要得到妥善安置时，它就变成了令人敬畏的东西，于是，我们的精神得到了升华，信仰也发生了变化。

⊖ 一支职业棒球队，隶属于美国职棒大联盟的美国联盟东区，是全联盟客场平均观众人数最多的球队之一。——译者注

表 12-1　细品敬畏及其相关状态

	核心特征			附带特征或锦上添花			
	浩瀚	适应	威胁	魅力	能力	美德	超自然
引发情境							
社会诱因							
1. 强势的领导	X	X	?				
2. 遇见神仙	X	X	?	?		X	X
3. 很棒的技能（崇拜*）		X			X		
4. 伟大的美德（升华*）		X				X	
自然诱因							
5. 龙卷风	X	X	X	?			?
6. 宏伟景观	X	X		X			
7. 大教堂	X	X		X	X		?
8. 令人敬畏的音乐	X	X		X	X		
认知诱因							
9. 宏大理论	X	X		?			
10. 神迹显灵	X	X					

注：X表示评估通常在这种情况下进行；？表示评估有时在这种情况下进行（如果这样，则会锦上添花）；*表示与敬畏有关的状态，但不应该称为"敬畏"。

令人毛骨悚然和瞠目结舌的敬畏体验涉及浩瀚和适应。我们对强大的、有魅力的人类的体验，我们对大自然的体验（如观赏山脉、风景、风暴、红杉树、海洋、龙卷风、地震的时候），我们对令人惊叹的艺术品的体验（如大教堂、摩天大楼、雕塑、烟花等），甚至当我们沉浸在一个宏大的理论（如女权主义、马克思主义、进化论）中时，也会产生敬畏的感觉。这一切都建立在我们对世界认知的浩瀚感和超越性之上。

敬畏的多样性和细微差别来自于锦上添花的额外主题（见表12-1中的第4列至第8列）。威胁的感觉也能产生敬畏体验，这种威胁具有恐惧的元素；魅力型领袖（如希特勒和甘地是两个极端）或自然场景（如暴风雨和日落的安宁恰恰相反）都能唤起敬畏的体验，让人感到危险（如希特勒、暴风雨）或安慰（如甘地、日落）。遇见能力出众的人，会引发一种与敬畏密切相关的情感——钦佩。遇见非凡的美德，会引发一种升华感，这是一种对道德美或人类善良的情感反应。钦佩和崇高都与敬畏密切相关，但通常不涉及感知到的浩瀚或力量。当人们的敬畏体验充满了超自然概念的时候，他们会感觉到鬼魂、幽灵这些非物质形态的实物，或者某种超出自然界因果关系的事件。因此，敬畏的体验往往需要一种宗教的神秘感。看到幽灵的人们之所以感觉敬畏，是因为那些看似鸡毛蒜皮的偶然事件却能显现出乎人们意料的、貌似真实的庞然大物。

"敬畏"（awe）的词源学历史与敬畏体验神秘感的解放过程相吻合。"awe"来源于古英语和古挪威语中的相关词汇，用于表达恐惧和害怕，尤其是对神圣存在的恐惧和害怕。现在，"敬畏"意味着"恐惧与崇敬、敬畏或恭敬交织在一起；在至高无上的权威、伟大崇高的道德或神秘的宗教面前，心灵的态度屈服于深刻的崇敬（参见牛津英语词典）。敬畏心态已经从一个以害怕和恐惧为中心的状态，变成了一个以崇敬、虔诚和快乐为主导的状态。

人之初

古希腊哲学家普罗泰戈拉有句名言："人是万物的尺度。"这句话有一个关于人类起源的神话。有一段时间，地球上只有神。众神决定创造不同的物种，不是用"原生汤"，而是用土和火。众神将各种才能和能力（速度，力量，厚实的身子，坚韧的蹄子，敏捷，喜欢吃树根、草或肉类）分配给不同的物种，让它们各自占据特定的栖身处所，并以自己独特的方式茁壮成长。

在弄清楚如何处置这个皮肤薄、脚步慢的物种（人类）之前，众神已经耗尽了能力和才干。在这个神话故事中，人类分散在世界各处，身体机能不完善，很快就会濒临灭绝。面对这种情况，普罗米修斯给了人类第一项技术——生火。然而，宙斯很快意识到了这个技术自身的局限性。火可以提供温暖，是杀灭肉类细菌的一种手段，也是一种防御模式，但人类需要更多的生存条件，他们需要团结在一起，形成强大的团体。所以，宙斯赋予人类两种品质。首先是正义感，确保所有人的需求都能得到满足。其次是虔敬神灵的能力，或者说是敬畏的能力。

哲学家保罗·伍德拉夫（Paul Woodruff）在他精心提炼的著作《崇敬》（*Reverence*）中，分析了古希腊文化和中国文化，揭示了为什么人类的敬畏能力在宙斯所列的人类文化持久前景的先决条件中排名如此靠前（他的论点可以用图 12-1 来加以归纳）。

图12-1　敬畏和崇敬

敬畏是由人们无法控制和理解的事物的经历所触发的，而这些事物是浩瀚的，同时也是人们需要面对的。这种体验的核心是认识到自我的局限性；在儒家思想中，我们感到深深的谦虚之情。在世界各地，敬畏在肢体语言上具有谦虚恭敬的特点，可以呈现为崇敬、忠诚和感激的行为中，比如，我们觉得自己变得渺小，我们屈膝、鞠躬、肩膀松垮，仿佛要蜷曲成一个像胎儿那样小的球体（参见表 12-2 中达尔文观察到的敬畏行为）。

表 12-2　达尔文关于敬畏相关情绪的观察

羡慕	睁开双眼，扬起眉毛，眼睛明亮，微笑
惊愕	眼睛睁大，嘴巴张开，眉毛扬起，双手捂着嘴
虔诚（崇敬）	脸朝上，眼皮朝上，眩晕，瞳孔朝上向内，谦卑的跪姿，双手朝上

"谦逊"需要把"小我"放在一个"大环境"中。敬畏体验告诉我们，"小小的我"是一个家庭或社区既定历史的小小重复，是浩瀚宇宙中的小小时间和匆匆过客。野心与危机，欲望与渴求，都是转瞬即逝的一刹那间。我们的文化只是哺乳动物数百万年进化过程中的一个小小的插曲。

伍德拉夫转而介绍"崇敬"，崇敬基于团结感，体现了一种共同人性的感觉。对约翰·缪尔来说，自我的"骨肉之躯的栖身之处"与树木、空气、风、内华达山脉的岩石融合在一起。离散的物体和个体的力量的感性世界消失了；用威廉·詹姆斯的话说，理性意识的薄薄的隔膜被掀开了。心灵，就像乌云散尽时被阳光照亮的深黑的湖泊一样，揭示了相互联系和团结的力量，这就是爱默生关于宇宙存在的理论。所有物体都受到相同的分子运动模式的驱动。人脸的结构体现出了构成人类的所有基因组。在几何图案方面，一个湖泊或一片森林里全部生命形式构成了统一的生态系统。古老的传统（感恩节晚餐、婚礼、祝酒、父女共舞）将个人融入了历史悠久的合作型交流模式中。这种感觉的统一体让人们产生了一种深刻的共同人性：我们都曾是婴儿，我们都有家庭，我们都经历过悲伤和欢笑，我们都承受困难，我们都将死亡。

最后，敬畏可以产生一种尊敬他人的社会氛围，一种对所给予事物的尊重和感激之情。各种仪式都建立在这种崇敬的感觉之上——我们尊重出生，我们感谢食物，我们尊敬自己的伴侣，我们向死者致敬。对于陌生人的仁慈和慷慨之举，我们会低头谢恩。

像大卫·斯隆·威尔逊（David Sloan Wilson）这样的进化论者已经得出了他们自己关于敬畏进化的故事。如果毕达哥拉斯或孔子穿越到今天，也研究进化论思想，也许并没有什么值得大惊小怪的。这种观点认为，为了群体的成功，为了人类的生存和繁衍，我们必须经常将自身利益置于集体利益的从属地位。集体利益必然会经常取代自我的关切、需求和要求。敬畏是为了满足人类社会性的需求而进化出来的。

在原始人类祖先中，敬畏首先开始出现在集体行动的情感领域。例如，集体防御，合作狩猎，对风暴的快速反应，在听到兽群的声音时立即集结起来。在这些集体行动中，早期的原始人类感受到身体力量的涌动以及与他们的朋友和亲属的联系。他们的肢体动作变得与他人同步，让人产生一种感觉，即某种力量把众人聚集在了一起，这是一种众志成城的感觉，还有一种对自我和他人之间的边界感逐渐淡化的感觉。

这些经历在人们中间形成了一种意愿，使他们愿意对集体利益做出回应。当看到威胁和伤害、婴儿弱不禁风时，人们能够团结起来应对。早期原始人类往往敬畏那些把集体成员团结起来的人——衣着华丽的头领、死去的家人、新生儿。同样的道理也适用于以共同的感觉或行动将集体团结起来的信仰和事物：关于人类起源的神话故事、吟唱、舞蹈、洞穴壁画。在这种集体经历中，原始人类祖先感到自己很渺小，萌生出一种克制的感觉，还有一种与其他族群成员的共同感和团结感。集体的力量推动着敬畏的能力，将敬畏根植于我们的思想和身体。它将成为文化中的一股动力，而文化是宗教、艺术、体育和政治运动的源泉。不过，关于敬畏的科学研究未必都能得到客观公正的对待。

分形图、鸡皮疙瘩和霸王龙骨架

有些情绪在实验室里很容易研究，尴尬情绪就是其中之一。当一个人走进实验室，意识到自己被分析、被实验、被录像、被一群大学生编码到深夜，并转化为数据时，他的整个脸庞就开始泛红。

还有一些情绪就没那么简单了。排在首位的就是敬畏，这是一个令人谦卑的探究对象。敬畏之情需要"浩瀚"的事物才能触发，比如悠远的景观、邂逅名人或有魅力的领袖、1000英尺高的摩天大楼、庄严的教堂、超自然事件，这些都不适合在荧光灯照亮的、空间为9英尺×12英尺的实验室里。敬畏需要意想不到的、极其罕见的事物，这些事物超出了我们目前对世界的理解，比如，孩子的出生，父母的死亡，一场怪异的夏季龙卷风席卷了你家所在的街道，你第一次去听摇滚音乐会、参加政治集会、观赏山峰、做爱、吃巧克力冰淇淋、在巴黎的咖啡馆喝酒等。

敬畏的科学研究工作所面临的困难和挑战与禅宗向人们提出的挑战是相似的。比如，测量可能根本无法测量的东西，预测根本无法预测的事物，捕捉无影无踪的东西。但这并没有阻止我的学生们在每周一次的实验室会议上就"如何研究敬畏话题"提出海量想法。威廉·詹姆斯发现，捕捉站在大峡谷边缘的人们的意识流，就像是一个统一设计的动画有机体。让受试者跟篮球队的高个子中锋打一场合作型比赛。把世界上最大的线团带进实验室，让受试者坐在它旁边。让受试者们坐满一辆巴士，从伯克利分校驱车 5 小时到达洪堡红杉国家公园，到达之后，他们可以在世界上最高的红杉林中漫步。记录下那个瞬间——伯克利皮划艇队的队员们步调如此一致，以至于他们达到了忘我的境界，然后，他们发出狂喜的喊叫声（他们的教练史蒂夫·格赖斯顿向我讲述了一段敬畏体验）。在实验室里，我们还可以想象圣灵的显现，还可以理解詹姆斯·乔伊斯的观念，即"鸡毛蒜皮是极其重要的"。让一个受试者和一个陌生人（实际上是实验人员的内线）进行对话，在对话中，他们发现他俩的单亲父母要结婚了，他俩要成为兄弟姐妹。上演一场超自然的事件，比如，一个听起来像他们母亲的声音，一个幽灵的幻象突然现身、穿墙而过。当我们试图研究敬畏的消息传开时，一个通宵舞蹈协会（纯属狂欢作乐的群体）找到我，想让我研究他们的聚会活动可能会陷入的困境，他们经常在一个破败的教堂里举行派对。

认识到这些研究的不切实际之处，我从单词、图像、贴近我内心的经历（我被一位文学教授和一位画家抚养长大）开始着手研究工作。有个学生是日本俳句诗的爱好者，他花了半个小时的时间讲解那首诗的精华部分，用最好的俳句诗（令他感到肉体刺痛和鼓舞）填满他们的头脑，并观察这种体验能否向他们灌输团结友爱和人类大同的思想。实验完全没有取得这些效果！学生们不太确定他们为什么要在一个没有窗户的心理实验室里读这首晦涩的诗。

所以，我转向了图片放映的研究方法。这个想法基于一个假设，即敬畏之情的传达需要更多地运用人们的视觉通道。一小组本科生在一个 48 英寸的大屏幕上观看了半个小时不断上演的分形图像。我们假设，这种体验随后会带来更广阔的、更具社会性的对话。当我在实验室的控制室（可以通过视频观看附近房间里的受试者）观察这个实验时，我看到我的优等学生在做研究。她显然刚从

"火人狂欢节"[⊖]回来，她的颧骨上还留有闪闪发光的残迹。一组接着一组貌似电气工程专业、分子生物学专业和细胞生物学专业的学生坐在那里，困惑地看着这些分形图像，仿佛要推导出可以解释这种有机形式的数学函数。我发誓，我听到有人在嘀咕："蒂莫西·勒瑞在伯克利获得博士学位了吗？"（是的。）

但是，尽管最初有这些失误，但关于敬畏的科学仍在缓慢推进。让我们从威廉·詹姆斯开始的地方开始：自主神经系统。在一项研究中，我们要求人们描述伴随着不同积极情绪的身体感觉，包括敬畏。我们发现，起鸡皮疙瘩是敬畏所特有的症状（见图 12-2）。

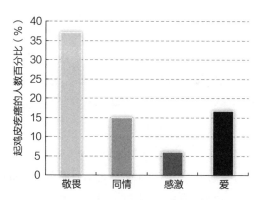

图12-2　鸡皮疙瘩：最典型的敬畏表征

鸡皮疙瘩是"汗毛直竖"的通俗说法，指的是分布在全身（尤其是颈部和背部）的毛囊周围的微小肌肉被激活了。"汗毛直竖"是战逃反应和交感自主神经系统的动作之一。在我们的灵长类近

⊖ 美国大型户外生存和沙漠艺术活动，每年9月在美国内华达州的黑岩沙漠举办。
　——译者注

亲即类人猿中，在对抗中常常会毛发直竖；灵长类动物用鸡皮疙瘩（伴有毛发竖立）来扩大体型，以便威胁对手，并展示体力上的优势和力量。而在人类中，鸡皮疙瘩在其用途上发生了变化，当我们感觉自己的身体膨胀而超出了皮肤界限，并感觉与其他组员有联系时，就会有规律地发生这种症状。当我们听到一首振奋人心的交响乐时，当我们在政治集会上为共同的事业吟诵时，当我们听到一场才华横溢的、拓展思维的演讲时，我们会感到鸡皮疙瘩都起来了，因为我们的自我正在超越我们的身体界限，融入到一个集体当中。鸡皮疙瘩的"工作"从对抗性防御转变为与集体紧密相连。

有人报告说，在起鸡皮疙瘩的同时，在极度的敬畏中，胸部会有热血沸腾、激情澎湃的感觉，毫无疑问，这是我们的迷走神经被激活的表现。克里斯·奥维斯发现，当我们看到别人鼓舞人心的善举时，迷走神经确实会兴奋起来。当受试者观看有关德雷莎修女在加尔各答为穷人和饥饿的难民服务的电影时，他们的迷走神经被激活了。因此，身体中的敬畏反映了两种生理过程的惊人融合，这两种生理过程（一是自我在鸡皮疙瘩中膨胀，二是打开胸怀与社会联系）符合进化论者关于这种超验情感的主张。

随着人们对自身社会地位判断的变化，敬畏之情的生理状态也会有所改变。在一项研究中，我和拉尼·施奥塔（Lani Shiota）让受试者回忆在大自然中的蜕变体验，比如，聆听太平洋的海浪，或者穿过桉树林有灯光的小径。伴随这些回忆，人们明确地认识到（尽管缺乏缪尔或爱默生的诗意隐喻）："我感到了自身的渺小和卑微""我感觉到了某种比我更伟大的存在""我感觉自己与周围的世界紧密相连""我没有意识到自己日常的种种关切"。敬畏情绪减少了自我利益的压力，并将思维重新定位于团结互助和善良意图上。

当然，这些发现具有反观自省的性质，这恰好说明了"敬畏之情影响人们的思想观念"这个论点，而不能说明敬畏之情对人们世界观的形成能够做出什么贡献。这引领拉尼对活生生的人的敬畏进行了富有想象力的研究。在这个实验中，受试者来到我们的实验室，但我们却让他们去校园的另一栋楼里完成实验。他们走了大约五分钟，穿过了高低起伏的草坪，跨过了伯克利分校校园的草莓溪，来到了新古典主义风格的溪谷生命科学大楼。然后，他们进入大楼的门厅，在那里，他们按照指示坐在了一具全尺寸的雷克斯霸王龙骨架复制品旁边（见图12-3），这是我们刻意安排的。骨架的臀部离地高约12英尺，骨架长约25英尺，重约5吨，这对于进化论者和创世论者来说，都是令人敬畏的源泉之一。事实上，当我们询问霸王龙的骨架让人感觉如何时，他们往往把手机放在一边，不停地说"敬畏"。

图12-3　娜塔莉和塞拉菲娜在伯克利溪谷生命科学大楼的霸王龙骨架旁边

　　然后，我们让受试者完成一项广泛使用的自我概念测试，即20项陈述测试（TST）。在这个测试中，受试者完成了20项以"我是……"开头的提示。控制组的受试者完成了相同的测试，他们都坐在同样的气候可控、采光良好的房间里。然而，并没有让霸王龙骨架出现在他们的视野中，而是坐在远离霸王龙的地方，向下看着某个走廊。然后，拉尼对他们的自我描述进行编码，识别出身体特征（"我是红头发""我全身有痣"）、性格特征（"我爱交际""我很脆弱"）、社会关系（"我是侄子""我是谢尔曼的心上人"），还有一个很少被提及但却具有重要的理论价值，这是一个巨大的普遍范畴，在这里，个体以其在大型社会集体中的成员身份（"我是一个有机的生命""我是地球上的居民""我是人类的一个成员"）来完成提示。果然，那些看着令人敬畏的霸王龙骨架描述自己的人们，他们使用广泛的集体范畴的词汇来描述自己的可能性三倍于那些站在同一地点却没有看到霸王龙骨架的人。敬畏将自我意识从个体特征和个人偏好转移到团结互助和突出共同人性的层面。

受到这些发现的鼓舞，我和艾米丽安娜·西蒙·托马斯（Emilliana Simon Thomas）试图在大脑中找到敬畏之情的位置。传统的神经科学认为，大脑中有一个奖励回路，可以对任何快乐做出反应，比如金钱、按摩、奶昔、咏叹调、加薪、看到你微笑的婴儿、朋友的肢体接触、浪漫伴侣的亲吻或者一幅山景。所有形式的快乐都简化和归结为一种自私的快乐。当然，我们会提出一种不同的假设，即假设大脑不同区域参与不同种类的快乐和满足感。我们期望进化已经在大脑中建立了不同的神经回路，使个体能够参与不同种类的积极情绪——无论是关于味觉和嗅觉，还是关于自我的力量，或者关于善待他人，甚至是我们理解力难以把握的事物所引起的敬畏之情。

为了验证这个假设，我们首先从数据库中筛选出能够引起感官愉悦、骄傲、同情和敬畏的幻灯片（见图12-4）。然后，我们让受试者观看这些幻灯片，同时用核磁共振成像扫描仪拍摄他们大脑的图像。研究结果明确表明，敬畏、同情和骄傲不能简化为感官愉悦，美好的感觉和愉悦感不仅仅是自私的奖励。

感官愉悦　　　　　　骄傲

同情　　　　　　　敬畏

图12-4　引起感官愉悦、骄傲、同情和敬畏的幻灯片

引起感官愉悦的图像（比如，热带海滩上的吊床，热气腾腾的比萨）正如你预期在神经科学文献中读到的那样：它们激活了伏隔核，这是大脑中与预期和记录奖励刺激（包括食物和金钱）有关的区域。感官愉悦的图像也激活了左背侧前额叶皮层和海马体，它们与记忆和反思有关。很明显，我们的受试者正在反思（也许充满了渴望）过去的感官愉悦。

引起"骄傲"幻灯片（如伯克利分校地标建筑的图像）激活

了腹内侧前额叶皮层。研究人员一致发现，当人们思考自己的事情时，大脑额叶的这一区域就会活跃起来，鉴于骄傲之情的核心是自我参照，这个发现完全合理。

伤害和痛苦的图像激活了一束束神经元，这些神经元不约而同地讲述了一个关于同情心在大脑哪个部位的故事。这些图像激活了杏仁核。这些幻灯片也激活了额叶中被称为"背内侧前额叶皮层"的部分，这部分与共情和换位思考有关。同情心融合了对伤害的感受和对他人经历的理解。

最后看一下引起"敬畏"的幻灯片。引起"敬畏"的幻灯片激活了左侧的眶额皮层，这个区域在我们触摸时会亮起来，当我们期待奖励时，它也会亮起来。它主要涉及协调方法和目标导向行动。当人们从更广阔的角度反思自己的内心体验时，它就会被激活。大脑中有很多种形式的快乐，但并不是所有的快乐都可以归结为自私的快乐。

秉承达尔文的科学精神，我们在研究敬畏之情时自己也充满了敬畏，我们勇于奉献，这项研究也是在记录我们敬畏之情的生理学基础。它包括超越自我的身体表现（鸡皮疙瘩）和连接功能（迷走神经）。它将自我表征从分离的状态转变为团结的状态。它会激活大脑中与目标导向性行为和方法、自我视角和快乐相关的区域。在进化的终极起源中，神圣的事物是社会性的，我们拥有神奇感和崇敬感的能力，它们植根于我们的身体里。

"仁"是人的天性

敬畏的情感体验就是在大局中找到自己的位置。这是为了减轻自身利益带来的压力，也是为了融入社会集体。它是一种对参与某种广泛过程的敬畏之情，该过程把我们所有人都团结在了一起，使我们一生的努力变得高尚起来。

对于查尔斯·达尔文来说，这就是他的贝格尔舰之旅，也是他在安第斯山脉、加拉帕戈斯群岛、好望角以及他在五年航程中见到狩猎－采集者的超然体验。在漫步穿过亚马逊的一片森林后，他若有所思地说："这么多美丽的东西，明明是为了这么多微不足道的目的而创造出来的，但却让人产生了一种奇妙的感觉。"森林"这座神殿里，摆满了神灵或大自然的各种作品"。在对花、甲壳虫、扁形虫、犰狳和树木的观察中，他开始发现某种力量（自然选择）将它们结合在了一起。用达尔文传记的作者珍妮特·布朗（Janet Browne）的话来说，人类"只是地球上庞大的生命链锁系统的冰山一角"。

对于细胞生物学家乌苏拉·古迪纳夫（Ursula Goodenough）来说，形成生命和生存的生物化学过程是神圣的。数十亿年前，生命如何在炽热的泥浆中诞生，两个生殖细胞如何结合成为人类，DNA如何随着时间的推移而进化，这些都深深触动了她的灵魂。她对这一生物过程的理解，充溢着缪尔对内华达山脉之善意、美丽和浩瀚情怀的顶礼膜拜。

在我短暂的科学生涯中，我的神奇和敬畏之情始于我作为博士后开启实验室生涯的那一刻。那是一个傍晚，我第一次开始使用面部动作编码系统的各项工具。这些工具让我能够将人类的行为定格在录像带上一毫秒为一帧的画面上，展开一段达尔文式的旅程，把我们今天的积极情感在进化时期的表现，追溯到它们产生的社会动力学上。我有幸在我的实验室里捕捉到的情感，只是在一个脆弱的、短暂的瞬间，具有了它们进化的起源，即对他人的尊敬和尊重，以及"把自己与存在于思想、行动或人身上的美统一起来，而不是迷醉于自恋"。一个十几岁的孩子脸红了，父母会报以宽容的微笑，孩子的矛盾心理和紧张感就会消失。在结账的队伍里，打包的男孩和排队的老太太之间的一个恭敬的微笑和一句"谢谢"，传递出他们对彼此的尊重，增强了他们各自的信心，哪怕只是片刻而已。推着婴儿荡秋千的父母用微笑、低声细语和欢笑填补了空间，创造了一个充满信任和善意的温暖环境。笑声在夫妻、朋友、家人、礼堂里荡漾，在合作、轻松的游戏中连接着彼此的心灵。配偶、兄弟姐妹、父母及其孩子们可以通过一句话或一个声音的微妙转换，把棘手的冲突变成戏谑的玩笑。友善的拥抱从孩子传递到朋友，再传递给祖父母。我们有神经肽，可以激活信任和奉献，还有胸部的神经分支，可以连接关爱他人的大脑、声音和心脏。我们的敬畏能力赋予了我们艺术气质，这是一种神圣的感觉。我们有基因、神经递质和大脑区域，这些区域像我们服务他人一样服务于这些情绪。这些情感是"仁"的本质。进化论已经产生了一种智慧，它帮助我们了解到了全人类的宏大蓝图和浩瀚的情感，使我们把这些善良的愿景付诸行动。所以说，人之初，性本善。